基于点云的人脸特征点提取及人脸重建应用

王志畅　陆　玲　王文莉　著

U0285213

哈尔滨工程大学出版社
Harbin Engineering University Press

内容简介

本书的主要内容是根据人脸点云数据对人脸的特征点——鼻子、嘴、眼睛、眉毛进行定位,然后进行人脸重建及人脸整形的应用。本书设计了一种基于圆柱坐标变换的方法,根据人头的形状,将点云数据的直角坐标变换为圆柱坐标,直接获取点云数据间的关系,进而快速、高效率地完成人脸点云特征点定位、人脸重建及整形。

本书可供人脸识别相关技术专业人员参考阅读。

图书在版编目(CIP)数据

基于点云的人脸特征点提取及人脸重建应用/王志畅,陆玲,王文莉著.—哈尔滨:哈尔滨工程大学出版社,2024.4
ISBN 978-7-5661-4284-9

Ⅰ.①基… Ⅱ.①王… ②陆… ③王… Ⅲ.①人脸识别-研究 Ⅳ.①TP391.41

中国国家版本馆 CIP 数据核字(2024)第 085502 号

基于点云的人脸特征点提取及人脸重建应用
JIYU DIANYUN DE RENLIAN TEZHENGDIAN TIQU JI RENLIAN CHONGJIAN YINGYONG

选题策划	刘凯元
责任编辑	刘凯元
封面设计	李海波

出版发行	哈尔滨工程大学出版社
社　　址	哈尔滨市南岗区南通大街 145 号
邮政编码	150001
发行电话	0451-82519328
传　　真	0451-82519699
经　　销	新华书店
印　　刷	哈尔滨午阳印刷有限公司
开　　本	787 mm×960 mm　1/16
印　　张	7.5
字　　数	140 千字
版　　次	2024 年 4 月第 1 版
印　　次	2024 年 4 月第 1 次印刷
书　　号	ISBN 978-7-5661-4284-9
定　　价	48.00 元

http://www.hrbeupress.com
E-mail:heupress@hrbeu.edu.cn

前　　言

　　三维人脸重建是计算机视觉及计算机图形学领域的重要研究方向。随着三维点云技术的发展,三维人脸重建在虚拟现实、动画、身份验证等领域具有广阔的应用前景。

　　本书重点对人脸的三维点云特征提取、人脸重建及整形应用进行了研究。根据人脸点云的范围及主方向,选定圆柱坐标原点进行圆柱坐标变换,通过坐标变换后的点云,可以快速建立点云的邻接关系;根据点云圆柱坐标半径的积分投影变换,定位鼻子、嘴、眼睛、眉毛等特征点;利用点云的邻接关系,方便生成人脸三维网格,进行 B 样条曲面重建;采用二维高斯函数,对人脸进行鼻子抬高、脸型拉长、瘦胖脸处理及嘴巴凹凸处理。

　　本书得到国家自然科学基金"基于器官造型的植物精细重建"(61761003)的资助,在此表示感谢。

　　本书由南昌职业大学的王志畅、陆玲及江西科技学院的王文莉共同撰写。由于著者水平有限,书中难免有不妥和错误之处,恳请广大读者批评指正。

著　者

2023 年 11 月

目　　录

第1章 绪 论

　　人脸是人的情绪及性格的重要展示部分,每个人的脸部特征都不相同,并且具有一定的差异性。在现代人与人之间的相处过程中,人脸扮演着至关重要的角色,如识别不同人之间的身份、心中情感的表现与传达等。人眼看到的两个非常相像的人脸,其实在某些部位(例如,五官所在的位置与大小)存在着细小的差异。因此,人脸特征点的定位在机器人脸识别等方面也是一个重要的判断因素。从古至今,人们一直在对人脸使用不同的手段进行重新塑造与刻画。早些时候,人们通常采用如工笔绘画、手工泥塑、刀工雕刻等方法来描绘人脸的五官造型,随着科技的发展,出现了用照相机拍照的方法来快速记录真实人脸。但是,由于拍照角度固定,照片只能反映拍摄那一时刻的人脸,而且获取的是二维图像信息,无法由此得到具有真实感的、可多角度观察的人脸。目前,人们通过对人脸点云数据的采集及重建,可以获取三维信息,观察到立体的人脸特征。

　　当前,人们针对三维人脸数据的研究主要包括特征点定位、人脸姿态估计、人脸重建及人脸识别等。

1.1　三维人脸特征点定位

　　在人脸识别、人脸建模、人脸跟踪及表情分析等应用中,人脸特征点定位是较为关键的一个步骤。人脸的面部特征信息包括:眼睛、鼻尖、嘴巴中心点、眉心等可用点表示的特征;用线条或者边界来定义的面部特征,如脸的轮廓定义、人眼的边界定义等;用区域来定义的面部特征,如通过颜色分割出具有唇色的像素区域作为嘴巴,通过灰度将眼睛、眉毛等分割出来。

　　Wang 等使用点的一些特征来描述三维人脸上的特征点。Xu 根据鼻子突出的形状特点,提出了一种鲁棒的定位鼻子的方法。该方法结合局部曲面特征,先定位鼻尖的位置,再利用夹角曲线定位鼻梁的位置。Salah 等将增量混合因子分析统计建模方法和结构修正方法相结合,定位三维人脸的特征点。王蜜宫等改进局部形状图的统计模型,将局部形状索引与局部形状图统计模型相结合,采用由粗到精的搜索策略,实现了任意姿态下的三维人脸鼻尖和内眼角的自动精确定位。朱思豪等通过平均曲率和高斯曲率的曲面形状描述方法,划分出人脸特征点的候选区域,再对特征点形成的旋转图像进行比较,可以实现任意姿态下的鼻尖点和左、右内眼角点的定位。

1.2　三维人脸姿态估计

人脸姿态估计在人脸识别、人机交互和面部表情分析等领域应用广泛,其中一个重要的指标是人脸姿态估计的精度。

Nikolaidis 等根据提取出来的眼睛和嘴部的特征点位置,建立等腰三角形,估计空间人脸的姿态。Mazumdar 等使用两个外眉点和嘴的中心点,形成一个 T 字形人脸模型,实现了人脸姿态的估计。Xiao 等利用圆柱表示三维的头部,并根据透视投影估计头部的姿态。Ebisawal 以基于两瞳孔和鼻孔的 3D 检测进行人脸姿态估计。梁国远等利用人脸的三维模型生成特征点正面平行投影,根据圆和椭圆之间的仿射对应关系获取人脸姿态。胡步发等针对人脸形状的特性,利用形状模型法提取人脸多个特征点,并将多个特征点作为人脸模型,通过最小二乘法优化求解,估计人脸空间姿态。蒋建国等利用深度数据和灰度数据,根据微分几何原理和曲率特征的旋转不变性,对不同姿态和遮挡条件下的人脸特征进行定位,根据定位的结果对人脸在空间里的旋转角度进行估算,计算出人脸的旋转角度。Gorbatsevich 等通过在 3D 人脸模型中寻找特征点的方式来实现头部姿态估计。张美玉等提出了一种结合多特征点三维建模与抗表情干扰策略的姿态估计算法。该方法将 3D 通用标准模型与输入的人脸特征点进行拟合,将姿态估计的问题抽象为非线性最小二乘问题,并利用搜索类算法进行迭代得到最优。李成龙等使用卡尔曼滤波在深度图像中预测头部的位置区域,将区域内的采样深度块通过已训练的随机回归森林进行头部姿态估计,得到卡尔曼滤波的测量值,利用卡尔曼滤波结合预测和测量值得到最后的头部姿态估计参数。Gao 等采用阈值曲面法线定位深度图像中的特征点,利用曲面法线分量阈值检测鼻梁和鼻翼部位的特征点,最后实现由粗到精的人脸姿态估计和配准。钟俊宇等提出了一种3D头部姿态估计的算法,其基本思想是首先搜索人脸表面比较明显特征的鼻尖和鼻梁,然后建立空间直角坐标系和人脸本征坐标系,再利用人脸的垂直对称性估计头部姿态的欧拉角。马泽齐等根据人脸具有的左右对称性的特点,通过提取对称平面和计算对称轮廓,获取人脸姿态估计结果。

1.3　三维人脸重建

三维人脸重建是计算机视觉和计算机图形学领域重要的研究内容之一, 在人脸识别、人脸动画和辅助医疗、影视、游戏等领域均有广泛的应用。

Akimoto 等提出了一种人脸特征的自动提取方法,利用散乱数据插值重建个性化的人脸几何模型。Lee 等将自由曲面变形技术引入人脸建模中,利用从正交照片中提取的个性化信息调整属性的非正则三角网格为个性化的人脸几何模型。梅丽等利用 Snake 技术自动适配人脸的特征线(包括鼻翼线,嘴巴轮廓线,脖围线,左眼、右眼线,左眉、右眉线等),基于特定人脸的特征线相对于一般人脸模型上的特征线的位移,变分插值一般人脸网格,适配特定人脸几何;然后产生无缝的人脸纹理镶嵌图,通过纹理映射生成高度真实感特定人脸;通过组合特定人脸的肌肉向量的运动,变形模型,组合出特定人脸的各种表情。Blanz 等提出的三维形变模型法是目前较为成功的利用人脸二维图像进行人脸重构的方法。王琨等提出了一种根据两幅正面人脸图像和一幅侧面人脸图像重建人脸三维模型的算法。该算法采用形状信息运动复原(stucture from motion,SFM)算法计算特征点(如内眼角、鼻尖、嘴角 等)的三维坐标,组成稀疏的三维网格结构;采用分步紧支撑径向基函数进行三维插值,得到三维模型;根据多分辨图像拼接算法生成纹理图像并将其映射到三维模型上。彭翔等提出一种利用两张正交照片和细分曲面进行真实感三维人脸建模的方法。该方法将自由曲面变形、网格简化及曲面细分结合起来,得到多个层次细节下的人脸模型,实现了不同模型间的三维变形;利用线性插值方法实现光滑变形,利用纹理融合和映射完成个性化的真实感三维人脸建模。董洪伟提出一种结合几何细节保持和图像一致性约束的三维人脸变形算法来重建三维人脸,通过对人脸模板的网格变形,使变形人脸在多幅图像中的可见投影具有一致性的图像颜色强度,这可以解决三维模型成像中的遮挡问题;利用健壮估计法消除噪声和离群点,减小光照对目标函数收敛性的影响;最后对目标函数的多次非线性优化求解进一步改进人脸重建的质量。蒋承安等通过三维软件进行术前三维扫描和三维模拟,模拟出适合客户的外鼻形态,可辅助鼻整形的术前、术后评估,使手术更为精准。通过三维软件可实现计算机模拟,预估外鼻形态并测量皮瓣面积、鼻各解剖部位数据。隋巧燕等通过双目系统拍摄人脸(左右)图像;用 Grab-Cut(图像分割器)的方法把人脸图像分割出来,从而降低立体匹配的搜索范围;用区域匹配算法得到人脸的视差图,从而得到人脸的三维点云;最后对不同角度的人脸图像进行尺度不变特征变换(scale invariant feature transform, SIFT)特征提取和匹配。将提取的 SIFT 特征点和匹配关系反射到三维点云数据,获取不同角度人脸的三维点云数据的特征点和匹配关系,完成对不同角度的人脸粗配准。王涵等提出了一种从粗到细逐步优化的方法。首先从单张图像检测的特征点,通过多初值迭代方法优化求解对应的三维头部姿态和大尺度的人脸表情;其次依据检测到的人脸特征点对不准确的人脸表情进行矫正,并对齐模型上的特征点和图像特征点,使用拉普拉斯坐标影响其余非特征点位置;最后重建细尺度的几何细节增加重建模型的逼真度。陈国军等首先利用带有三层卷积网络的 CLNF(人脸特征点检测器)算法识别二维特征点,并跟踪特征点位置;然后由五官特征点位置估计头部姿态,更新模型的表情系数;最后采用 ISOMAP(等距特征映射)算法提取网格纹理信息,进行纹理融合形成特定人脸模型。张倩等首先通过 ORB(oriented fast and rotated brief)算法获得初始人脸配准候选集;其次结合邻域一致性约束,对模板人脸图像上的每一标注点,取其邻域范围内的支持特征点集计算局部仿射变换;最终通过多个局部仿射变换拟合模板人脸形状配准到目标人脸形状的非线性变换,实现对人脸标注点的稳健配准。周健等通过卷积神经网络对现有的三维形变模型进行改进,基于人脸光滑性和图像相似性在特征点与像素层面提出新的损失函数,使用弱监督学习训练卷积神经网络模型;通过训练出的网络模型进行三维人脸重建和密集人脸对齐。夏颖等利用级联回归树算法提取的人脸特征点,将人脸划分为不同区域,用来限制各区域的视差搜索范围,快速查找匹配点;利用人脸的局部形状特性,采用局部曲面拟合的方式筛选出可靠种子点用于区域生长,进行人脸立体匹配。张红颖等改进位置映射图网络准确提取和定位了人脸的特征点,作为初始模型参数;然后融合基于回归方法得到的参数获取优化的模型参数;最后对 3D 变形模型进行优化,得到最终的人脸模型。包永堂等首先构建 RP-Net 回归网络和人脸图像的数据集,从输入图像中学习参数,生成 3D 人脸几何;再构造多层次的损失函数进行弱监督学习;最后通过纹理映射生成逼真的人脸纹理。李皓冉等针对基于结构光相机采集到的左右两组人脸点云和 RGB(工业界的一种颜色标准)图像数据进行三维人脸重建,将无序点云使用 KD 树算法构建出邻域结构,使用欧氏聚类的点云分割算法分割提取出人脸点云;提出自适应下采样的全局优化 ICP 配准方法融合左右点云,采用基于法向量优化的泊松重建方法将配准后的点云进行表面重建,生成网格化模型;最后结合 RGB 图像重建带有细节纹理的三维人脸模型。朱磊等利用二维图片一致性损失、图片深层感知损失等基本损失函数,通过人脸部件掩膜(如鼻子、上嘴唇、下嘴唇、眼睛等区域)对人脸区域进行精细化约束,并对人脸部件掩膜进行自监督约束,提高了重建的三维人脸局部的准确性。

随着对美追求意识的逐渐增强,人们对于医疗美容的接受程度也越来越高,而应用于医疗美容领域的三维模拟整形技术能够打消客户疑虑,提高客户满意度,为整容手术提供更精确的保障。翁羽对做下颌角缩小整形术的对象实施术前扫描并重新构建下颌骨三维影像,运用电脑规划三维手术、模拟手术功效,并与手术之后和扫描重建影像比较,评定手术的功效。何龙健等首先对用户上传的人脸图像进行特征点标记,然后结合三维形变模型对输入的人像进行对齐,并输入预先训练好的三维人脸重建网络,得到三维人脸模型。用户可对模型的脸颊、鼻梁和下巴进行编辑,以达到模拟整容的效果。

1.4 人 脸 识 别

随着人工智能的快速发展,人脸识别已成为目前较流行的生物安全验证手段,在视频监控、金融支付、考勤等相关领域应用越来越广。目前,使用三维人脸数据进行人脸识别更有优势。

Xu 等使用局部形状变化信息和全局的集合特征进行三维人脸识别,将三维点云转换为网格后,使用网格的每个顶点的 z 坐标构建几何向量,在人脸的嘴、鼻子、左眼和右眼区域提取形状特征。Wu 等使用基于局部形状图的统计模型进行三维人脸的识别。莫建文等通过获取脸部关键部位特征点的三维几何特征信息,设定适应度函数,根据遗传算法进行训练,得到使适应度函数最小时的最优解,从而获得三维人脸几何特征融合时的最佳加权值。Drira 等以鼻尖点作为起点构建径向线用来表示人脸表面,使用径向线的弹性形状进行人脸表面的形状分析,通过弹性黎曼度量标准测量面部形状的差异,进而实现人脸识别。Lei 等设计了角径向特征用来提取上半部分脸的特征,使用核主成分分析将角径向特征映射到其他空间,利用支持向量机对人脸进行识别。Qi 等将深度学习方法与三维点云结合,提出了获取全局特征的 PointNet 网络并解决了点云的无序性,之后在 PointNet 网络的基础上,提出了 PointNet++网络,使用了采样、分组、PointNet 模块,增加了局部特征提取,提高了分类精度。Gilani 等将三维人脸扫描数据通过旋转进行数据集扩增,再将每个三维人脸点云转换成深度图,以深度值、法向量的方向角、仰角三通道作为网络输入,训练出卷积神经网络,提取特征进行人脸识别。Liu 等将经典的二维CNN 拓展到三维点云关系卷积中,提出了关系型卷积神经网络,提高了分类的精度。Jiang 等提出了一种属性感知的损失函数,将三维点云的直角坐标组成 x、y、z三个图输入残差网络进行人脸识别。高工等提出一种基于深度学习的点云特征提取网络 ResPoint。该网络使用了分组、采样和局部特征提取等模块,首先通过人脸几何特征点定位鼻尖点,在局部基准坐标下计算顶点的平面距离能量,先计算出鼻尖置信点,并对置信点进一步筛选,最终得到鼻尖点;并以该点为中心切割出面部区域,再进行高斯滤波和三维立方插值;然后使用 ResPoint 网络对处理后的点云提取特征;最后全连接层组合特征以实现三维人脸的分类。郭文等使用不同卷积模块获得不同感受视野大小的特征图,进行多尺度的注意力特征提取,利用通道融合得到多尺度融合的特征;针对低质量点云人脸信息,设计的抗噪声的自适应损失函数能够应对噪声在模型训练过程中可能造成的负面影响。

第 2 章　三维点云的读取

三维点云的读取是处理三维点云的第一步。

2.1　三维点云获取简介

点云是一个坐标系下点的集合,这些点一般通过仪器测量得到物体外观表面的三维点信息。每个点除了包含点的三维坐标几何位置外,还可能包含 RGB 的颜色信息或反射光的强度信息等。通常点云的数量比较大且比较密集。

点云的获取一般基于立体视觉、结构光和激光扫描仪三种方式。

(1)基于立体视觉是将不同角度的二维图像融合成三维人脸模型或三维图像,利用各种人脸的表情模型、姿态的估计及光照模型等,消除表情、姿态和光照变化带来的影响。得到的点云,一般包括点的三维坐标和 RGB 的颜色信息。

(2)基于结构光的技术是将光点、光条或光面等一组模式光投影到人脸上,由模式光的形变可以得到人脸表面的深度信息。

(3)基于激光扫描仪获取的数据较前两种更精确,激光的反射强度信息与物体的表面粗糙程度、入射光的能量、入射光的波长、入射光的方向等有关。当一束激光照射到物体的表面时,反射的激光会记录方位和距离等信息。如果将激光束按照某一种扫描轨迹进行扫描,就会一边扫描一边记录反射光的信息,可以形成激光点云。基于激光扫描仪得到的点云,一般包括点的三维坐标和激光反射强度。

图 2-1 为一种 TXT 文件类型的三维点云数据,除了前三列的(x,y,z)坐标外,还有 RGB 颜色信息及光强度信息。

```
-2.93776703 -6.33315802 -73.20063782 252 252 252 -0.179386 -0.541172 -0.821556
-3.04562402 -6.39703083 -73.10590363 252 252 252 -0.275566 -0.638740 -0.718383
-2.81438708 -6.23631716 -73.26043701 252 252 252 -0.080544 -0.405452 -0.910561
-3.85701394 -5.70567083 -73.21389771 252 252 252 -0.246630 -0.405070 -0.880393
-3.74481606 -6.03249979 -73.07497406 252 252 252 -0.283984 -0.516192 -0.808021
-4.10080290 -5.92425203 -73.00672913 252 252 252 -0.342437 -0.528929 -0.776512
-3.33237100 -5.86105108 -73.27365112 252 252 252 -0.218874 -0.355127 -0.908834
-3.39850092 -6.29862309 -73.01986694 252 252 252 -0.320473 -0.571699 -0.755286
-2.79042792 -5.94546318 -73.35353851 252 252 252 -0.123076 -0.281883 -0.951522
-2.43844795 -6.18234587 -73.29438019 252 252 252 -0.058120 -0.423058 -0.904237
```

图 2-1 TXT 文件类型的三维点云数据

图 2-2 为三维坐标的点云数据,只有 (x,y,z) 三维坐标值。

```
-6.57287979 -51.80020142 -21.18750000
-6.68517017 -51.66559982 -21.33239937
-6.79059982 -51.71390152 -21.27650070
-6.89775991 -51.71640015 -21.27079964
-8.75627995 -53.16930008 -19.62509918
-8.86215019 -53.17940140 -19.61129951
-11.52630043 -51.43009949 -21.46229935
-11.62839985 -51.51150131 -21.37000084
-11.73099995 -51.58300018 -21.28879929
-11.84560013 -51.47100067 -21.40889931
```

图 2-2 三维坐标的点云数据

在实际的场景中,由于仪器的结构原理不同,生成的点云数据会有所差异。即使是对同一个物体进行多次扫描,也会采集到不同的点云数据。

本书使用的人脸点云是在三维模型下载网站 Sketchfab 下载的 5 个人脸点云数据。

2.2 三维点云数据的读取

本书使用的程序设计环境是 Visual C++6.0,采用 MFC(微软基础类库)方式编程。本书处理的点云数据都是 TXT 文件格式,如果是其他格式文件,可以通过相关软件转为 TXT 文本格式,且文件中仅有点云的坐标值,如图 2-2 所示。

2.2.1 点云初始存储结构

点云数据量一般较大,对点云进行处理时,需要多次读取点云数据,所以需要将外存的 TXT 文本文件中的点云数据存入内存中,这样可以加快多次使用点云数据的处理速度。我们采用单链表形式在内存中存储点云,如图 2-3 所示。

图2-3 单链表形式存储点云

图 2-3 中的链表结点存储点云的三维坐标(x,y,z),用 C 语言定义链表中每个结点的结构体类型(全局类型),如下:

```
typedef structPointXYZ
{float X,Y,Z;                    //点云坐标
structPointXYZ *NextP;          //指向下一个点云坐标
}PointList;
```

2.2.2 点云文件的读取

读取点云文件的步骤如下。

(1)定义指向链表中结点的相关指针全局变量。

```
PointList *Head,*PL1,*PL2;
```

其中 Head 始终指向链表的头结点,PL1 与 PL2 是中间指针变量,指向临时的结点。

(2)定义文件打开对话框类对象,以便用户选择点云文件。

```
CFileDialog dlg(true);
```

CFileDialog 继承 CCommonDialog 的 CDialog,其功能是显示打开或保存对话框,操作的对象是文件,其构造函数的参数有多个,其中只有第一个参数没有缺省值,其值为 true 或 1 时,表示"打开文件对话框";值为 float 或 0 时,表示"保存文件对话框"。

（3）显示文件对话框并判断用户是否确定打开文件。

```
if(dlg.DoModal()==IDOK)
```

如果用户选择并确定打开文件,就进行后面的程序,否则退出文件对话框。

CFileDialog 类的 DoModal() 成员函数是创建并显示一个模态对话框,其返回值可获取用户在文件对话框中的操作,如 IDOK 表示用户选择了文件对话框中的"确定"按钮。

（4）获取用户选择的点云文件名。

```
CString name=dlg.GetFileName();
```

CFileDialog 类的 GetFileName() 成员函数获取用户在文件对话框中选择或输入的完整文件名,然后存入字符串变量 name 中。

（5）打开点云文件。

```
FILE *FileP=fopen(name,"r");
```

以"只读"方式打开用户选择的文件。

（6）开辟链表头结点空间。

```
Head=PL1=(PointList *)malloc(sizeof(PointList));
```

Head 与 PL1 同时指向链表的头结点地址。

（7）从文件中循环读取坐标值,并存入链表中,直到文件结束为止。

```
while(!feof(FileP))                                //从文件中循环读取数
                                                   //据直到文件尾部
{ fscanf(FileP,"%f%f%f",&PL1->x,&PL1->y,&PL1->z);  //将点云数据放入结点
PL2=(PointList *)malloc(sizeof(PointList));        //为新结点开辟空间
PL1->NextP =PL2;                                   //将新结点接入链表
  PL1=PL2;                                         //新结点变为老结点
  }
  PL1->NextP=NULL;                                 //链表结束
```

（8）关闭文件。

```
fclose(FileP);
```

2.3 点云数据的显示

输出点云数据的绝大部分设备(如显示器、打印机等)都是二维设备,如果要将三维数据显示在二维设备上,必须先经过投影变换。

2.3.1 投影变换

投影变换是把 n 维数据变为 $n-1$ 维数据的过程。将三维物体在二维平面绘制,就是将三维数据投影变换到二维。计算机图形输出设备如显示屏幕、绘图仪、打印机等都是二维设备,用这些二维设备显示三维图形,需要把三维图形上各点坐标变成二维坐标,也就是投影变换。

投影变换根据投影中心与投影平面之间距离的不同,可分为平行投影和透视投影,而平行投影又分为正平行投影和斜平行投影。而这两大类根据投影方向、投影面及物体的旋转角度的不同又分为多种类型的投影,如图 2-4 所示。

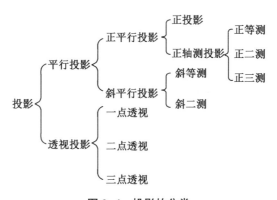

图 2-4 投影的分类

在正平行投影中,投影方向垂直于投影面,投影线都是平行线。如图 2-5(a)所示,三维空间一条直线段 AB 在投影面上的平行投影图形为 $A'B'$,投影线为平行线,A 投影到 A', B 投影到 B',连接 $A'B'$ 就是 AB 的投影图。在透视投影中,投影中心与投影平面之间的距离是有限的,如图 2-5(b)所示。

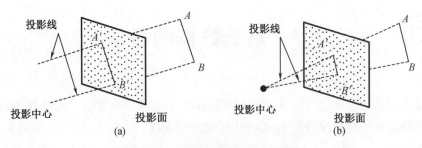

图 2-5　平行投影与透视投影示意图

本书只使用正平行投影,正平行投影是投影方向垂直于投影平面的平行投影。通常说的三视图(即正视图、俯视图、侧视图)均属正平行投影,如图 2-6 所示。三视图的生成是把直角坐标系下的三维物体分别投影到 3 个坐标平面上,再将 3 个投影图变换到一个平面,如 xOy 平面。

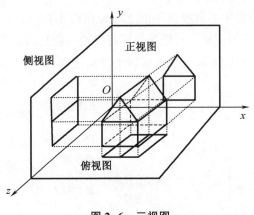

图 2-6　三视图

2.3.2　显示点云

1. 正视图

如图 2-5 所示的三维物体,正视图就是保留 x、y 值,将 z 值置为 0:

$$x' = x, y' = y, z' = 0$$

对于存储在链表中的点云坐标 x、y、z 值,循环读取数据,提取 x 和 y 值并显示,可得到正视图。

（1）获取链表头指针。

```
PL1=Head;
```

（2）循环读取链表中的点坐标并显示,移动指针,直到链表尾部。

```
while(PL1！=NULL)                          //不到链表尾部就读取
                                          //数据
｛   pDC->SetPixel(PL1->X,PL1->Y,RGB(0,0,0));   //以黑色显示点坐标
    PL1=PL1->NextP;                        //移动指针,准备读下
                                          //一个坐标数据
｝
```

图2-7为不同人脸点云正视图的显示效果图。

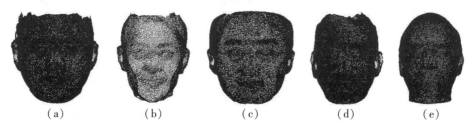

（a）　　　　　（b）　　　　　（c）　　　　　（d）　　　　　（e）

图2-7　不同人脸点云正视图的显示效果图

2. 侧视图

侧视图可以将 z 值置为 x 值, y 值不变,则将侧视图转换到 xOy 面上:

$$x'=z, y'=y, z'=0$$

侧视图程序中的显示点坐标为

```
pDC->SetPixel(PL1->Z,PL1->Y,RGB(0,0,0));
```

图2-8为不同人脸点云侧视图的显示效果图。

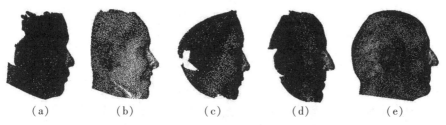

（a）　　　　　（b）　　　　　（c）　　　　　（d）　　　　　（e）

图2-8　不同人脸点云侧视图的显示效果图

3. 俯视图

如图 2-6 所示的三维物体, 俯视图 x 值不变, 将 z 值置为 y 值, 则将俯视图转换到 xOy 面上:

$$x'=x, y'=-z, z'=0$$

俯视图程序中的显示点坐标为

```
pDC->SetPixel(PL1->X, -PL1->Z,RGB(0,0,0));
```

图 2-9 为不同人脸点云俯视图的显示效果图。

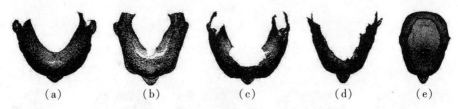

$$(a) \qquad (b) \qquad (c) \qquad (d) \qquad (e)$$

图 2-9　不同人脸点云俯视图的显示效果图

2.3.3　点云几何变换

图形的几何变换是指图形的几何信息经过变换后产生的新图形。图形变换过程, 既可以看作坐标系不动而图形变动, 变换后图形的坐标值发生变化; 也可以看作图形不动而坐标系变换, 变换后的图形在新坐标系下具有新的坐标值。这两种情况在本质上是一样的。为了方便, 这里的几何变换主要指前一种情况。

1. 平移变换

设三维点坐标为 $P(x, y, z)$, 在 x 轴、y 轴、z 轴方向分别做动 T_x、T_y、T_z, 结果生成新的点 $P'(x', y', z')$, 则

$$x'=x + T_x, y'=y + T_y, z'=z + T_z$$

平移变换可以方便点云在默认的坐标系下按指定位置完整地显示出来。

2. 比例变换

使用不同的设备获取的点云的大小是不一样的, 为了能够准确定位人脸的特征点, 需要对不同大小的人脸点云坐标乘上相应的比例系数, 进行比例变换。设点 $P(x, y, z)$ 在 x 轴、y 轴、z 轴方向分别做 S_x、S_y、S_z 倍的比例缩放, 生成新的点坐标 $P'(x', y', z')$, 则

$$x' = xS_x, y' = yS_y, z' = zS_z$$

图 2-10 为不同比例大小的人脸点云效果。

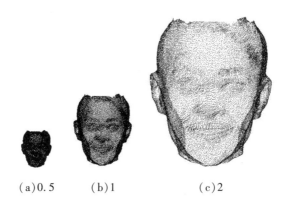

（a）0.5　　　（b）1　　　　　（c）2

图 2-10　不同比例大小的人脸点云效果

3. 旋转变换

在三维空间中，一般是绕坐标轴进行旋转变换。在右手坐标系下绕坐标轴旋转 θ 角的变换公式如下。

（1）绕 x 轴旋转

$$x' = x$$
$$y' = y\cos(\theta) - z\sin(\theta)$$
$$z' = y\sin(\theta) + z\cos(\theta)$$

（2）绕 y 轴旋转

$$x' = x\cos(\theta) - z\sin(\theta)$$
$$y' = y$$
$$z' = -x\sin(\theta) + z\cos(\theta)$$

（3）绕 z 轴旋转

$$x' = x\cos(\theta) - y\sin(\theta)$$
$$y' = x\sin(\theta) + y\cos(\theta)$$
$$z' = z$$

在三维点云处理过程中，经常使用旋转变换，在旋转变换后，一般使用正投影变换中的正视图进行显示。这里先定义绕 3 个坐标轴旋转变换的函数，以便后续程序调用。

```
//绕 x 轴旋函数:cx 为旋转角度,(x,y,z)为旋转前坐标,(X,Y,Z)为旋转后坐标
void RevolveX( float cx, float x, float y, float z, float &X, float &Y,
float &Z )
{   X=x ;
    Y=y * cos( cx )-z * sin( cx ) ;
    Z=y * sin( cx )+z * cos( cx );
}
//绕 y 轴旋函数,(cy 为旋转角度,(x,y,z)为旋转前坐标,(X,Y,Z)为旋转后坐标
void RevolveY( float cy, float x, float y, float z, float &X, float &Y,
float &Z )
{   X=x * cos( cy )+z * sin( cy ) ;
    Y=y ;
    Z=-x * sin( cy )+z * cos( cy );
}
//绕 z 轴旋函数:cz 为旋转角度,(x,y,z)为旋转前坐标,(X,Y,Z)为旋转后坐标
void RevolveZ( float cz, float x, float y, float z, float &X, float &Y,
float &Z)
{   X=x * cos( cz )-y * sin( cz ) ;
    Y=x * sin( cz )+y * cos( cz ) ;
    Z=z;
}
```

图 2-11 为不同旋转角度人脸点云。

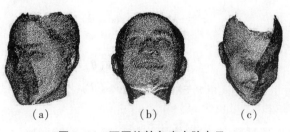

（a）　　　　　（b）　　　　　（c）

图 2-11　不同旋转角度人脸点云

第 3 章　人脸区域的定位

对于人脸倾斜的点云,首先需要将人脸点云直立,方便人脸区域的定位,也就是需要计算人脸头部的方向。

3.1　计算头部点云方向

为了快速计算人脸点云的方向,本书采用球坐标变换方法。将直角坐标值转换为球坐标值,可以快速得到点云邻接关系,寻找完整头部点云连接脖子的部位,也就找到了人脸头部的方向。

3.1.1　球坐标简介

在直角坐标系中,设 P 点的直角坐标为 (x,y,z),可以用球坐标 (θ,φ,r) 表示,如图 3-1 所示。θ 表示该点的位置向量与 Y 轴的夹角,称为经度,范围从 0 到 π;φ 表示该点的位置向量在 XOZ 平面上的投影与 X 轴的夹角,称为纬度,范围从 0 到 2π;r 表示该点到原点的距离,称为半径。

在直角坐标转为球坐标的过程中,为了方便程序设计,采用如下转换公式:

$$\begin{cases} \theta = \dfrac{\pi}{2} - \arctan\left(\dfrac{y}{\sqrt{x^2+z^2}}\right) & y>0 \\[4mm] \theta = \dfrac{\pi}{2} + \arctan\left(\dfrac{|y|}{\sqrt{x^2+z^2}}\right) & y\leqslant 0 \end{cases}$$

$$
\begin{cases}
\varphi = \arctan\left(\dfrac{z}{x}\right) & x > 0, z \geqslant 0 \\[3mm]
\varphi = \pi - \arctan\left(\dfrac{z}{|x|}\right) & x < 0, z \geqslant 0 \\[3mm]
\varphi = \pi - \arctan\left(\dfrac{z}{x}\right) & x < 0, z \leqslant 0 \\[3mm]
\varphi = 2\pi - \arctan\left(\dfrac{|z|}{x}\right) & x > 0, z \leqslant 0
\end{cases}
$$

$$
r = \sqrt{x^2 + y^2 + z^2} \tag{3-1}
$$

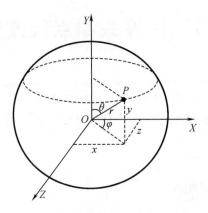

图 3-1　直角坐标转换为球坐标示意图

其中经度 $\theta \in [0°, 180°]$，纬度 $\varphi \in [0°, 360°]$。

直角坐标转换为球坐标的函数设计如下：

```
void XyzToSphere(float x,float y,float z,int &jd,int &wd,float &r)
{   float a,b;
    a=atan(fabs(y)/sqrt(x*x+z*z));
    if(y>0) a=1.57-a;
    else  a=1.57+a;
    if(z>0)
        {if(x>0)b=atan(z/x);
        else b=3.14-atan(-z/x);
        }
```

```
else
    {if(x>0)b=6.28-atan(-z/x);
    else b=3.14+atan(z/x);
}
jd=a*180/3.14+0.5;                    //经度θ角弧度转为度
wd=b*180/3.14+0.5;                    //纬度φ角弧度转为度
r=sqrt(x*x+z*z+y*y);                  //计算点的半径
}
```

3.1.2 头部点云转换为球坐标

将直角坐标(x,y,z)转换为球坐标(θ,φ,r)之后,可能存在多个直角坐标点对应一个(θ,φ),也可能存在某个(θ,φ)没有直角坐标点对应。由于人脸点云转换为球坐标的目的是寻找头部的方向,所以只需要保存不同的(θ,φ)对应的直角坐标点,因此直角坐标转换为球坐标后,点云会变稀疏。具体步骤如下。

1. 将每对(θ,φ)值存储于一个二维指针数组中,初值为空

```
PointList *R[180][360]={NULL};
```

2. 计算人脸点云的中点坐标

```
PointList *PL=Head;                   //获取人脸点云链表头指针
int x0=0,y0=0,z0=0,PNum=0;            //中点坐标及点云数赋初值0
while(PL!=NULL)                       //循环读取链表中的点坐标
    {  x0+=PL->X,y0+=PL->Y,z0+=PL->Z;  //点云坐标累加
    PNum++;                           //统计点的数目
    PL=PL->NextP;                     //移动指针,准备读下一个点坐标
}
x0/=PNum,y0/=PNum,z0/=PNum;           //计算点云中点
```

3. 平移人脸点云

```
PointList * PL=Head;                    //获取人脸点云链表头指针
while( PL! =NULL)                       //循环读取链表中的点坐标
  {   PL->X-=x0, PL->Y-=y0, PL->Z-=z0;  //平移点
     PL=PL->NextP;                      //移动指针,准备读下一个点坐标
}
```

4. 转换球坐标

```
int jd,wd;float r;
PointList * PL=Head;                              //获取人脸点云链表头指针
while( PL! =NULL)                                 //循环读取链表中的点坐标
   {XyzToSphere(PL->X,PL->Y,PL->Z,jd,wd,r);       //直角坐标转换为球坐标
   if(R[jd][wd]==NULL)                            //无点
      {R[jd][wd]=(PointList * )malloc(sizeof(PointList));
                                                  //开辟球坐标空间
      R[jd][wd]->X=PL->X;                         //将球坐标与直角坐标关联
      R[jd][wd]->Y=PL->Y;
      R[jd][wd]->Z=PL->Z;
      }
   PL=PL->NextP;
}
```

5. 显示球坐标下的人脸点云

```
CDC * pDC=GetDC( );
for( int j=0;j<=180;j++)
   for( int i=0;i<=360;i++)
      if(R[j][i]! =NULL)
         pDC->SetPixel(R[j][i]->X, R[j][i]->Y,RGB(0,0,0));
```

图 3-2(a)为直角坐标下原始倾斜的人脸头部点云,图 3-2(b)为转换为球坐

标后的人脸头部点云,可以看出点云变稀疏了。其主要原因是多个点转换到同样的经纬度,虽然半径不同,但只取一个点。

(a)直角坐标下原始倾斜的人脸头部点云　　(b)转换为球坐标后的人脸头部点云

图3-2　直角坐标下与球坐标下的人脸头部点云

3.1.3　头部点云的方向

1.头部点云脖子部位的定位

在头部点云的脖子部位处,其球坐标的(θ, φ)没有对应的点云,也就是说是空缺点的区域。将θ与φ作为横坐标轴和纵坐标轴,如果(θ, φ)有对应的点,在(θ, φ)处就绘制一个点,这里称为球坐标下角度投影图。

```
for(int j=0;j<=180;j++)
    for(int i=0;i<=360;i++)
        if(R[j][i]!=NULL)
            pDC->SetPixel(i,j,RGB(0,0,0));
```

如图3-3所示,大片空白区域表示没有对应的点,也就是脖子的部位。

2.脖子区域边界的提取

由于在非脖子区域会出现空缺点,所以仅通过空缺点是不能判断是否为脖子区域。如图3-3所示,脖子区域的边界相对比较明显,在提取边界过程中,在θ和φ两个方向上,如果发现有连续多个空缺点,说明可能在脖子区域内。关键程序如下:

图 3-3 球坐标下角度投影图

```
int left[181],right[181];                        //记录脖子区域不同经度θ
                                                 //的左右纬度φ边界

int top[361],bottom[361];                        //记录脖子区域不同纬度φ
                                                 //的上下经度θ边界

int m=20;                                        //连续 m 个空缺点,说明可
                                                 //能在脖子区域内

for(int j=1;j<180;j++)                           //循环不同经度θ
    { left[j]=-1,right[j]=-1;                    //非脖子区域标志
    for(int i=1;i<360;i++)                       //循环不同纬度φ
        if(R[j][i]==NULL)                        //是空点
        { for(int k=1;k<=m;k++)
            if(R[j][i+k]!=NULL) break;
        if(k>m)
        { if(R[j][i-1]!=NULL) left[j]=i-1;       //记录初步脖子区域的左
                                                 //边界

        break;}
        }
    for(i=359;i>left[j];i--)                     //循环不同纬度φ
        if(R[j][i]==NULL)
        { for(int k=1;k<=m;k++)                  //是空点
            if(R[j][i-k]!=NULL)break;
        if(k>m)
            {if(R[j][i+1]!=NULL)right[j]=i+1;    //记录初步脖子区域右边界
            break;}
        }
    }
```

22

```
for(int i=1;i<360;i++)                           //循环不同纬度 φ
    { top[i]=-1; bottom[i]=-1;                   //非脖子区域标志
        for(int j=1;j<180;j++)                   //循环不同经度 θ
        if(R[j][i]==NULL)                        //是空点
            { for(int k=1;k<=m;k++)
                if(R[j+k][i]!=NULL)break;
                if(k>m)
                {if(R[j-1][i]!=NULL)top[i]=j-1;  //记录初步脖子区域的上
                                                 //边界

                break;}
            }
        for(j=179;j>top[i];j--)                  //循环不同经度 θ
            if(R[j][i]==NULL)                    //是空点
                { for(int k=1;k<=m;k++)
                    if(R[j-k][i]!=NULL)break;
                    if(k>m)
                    {if(R[j+1][i]!=NULL)bottom[i]=j+1;  //记录初步脖子
                                                        //区域的下边界

                    break;}
                }
}
```

3. 显示脖子区域边界角度投影图

```
for(j=0;j<=180;j++)
    if(left[j]>0&&right[j]>0)
        { pDC->SetPixel(left[j],j,RGB(0,0,0));   //显示左边界
        pDC->SetPixel(right[j],j,RGB(0,0,0));    //显示右边界
        }
for(i=0;i<=360;i++)
    if(top[i]>0&&bottom[i]>0)
        { pDC->SetPixel(i,top[i],RGB(0,0,0));    //显示上边界
        pDC->SetPixel(i,bottom[i],RGB(0,0,0));   //显示下边界
}
```

如图 3-4 所示,在突出脖子区域边界的同时,还有一些零星噪点需要去除。

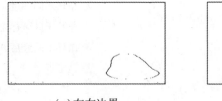

(a)左右边界　　　　　　　　　　(b)上下边界

图 3-4　脖子区域初始边界角度投影图

　　零星噪点的特征是：在 θ 的上下角度附近或 φ 的左右角度附近没有边界点出现。因此去除零星噪点的方法是删除在 θ 的上下角度附近或 φ 的左右角度附近没有边界点出现的边界点。

```
n=0;
for(j=2;j<=178;j++)
{ s=0;
for(int k=-2;k<=2;k++)
    if(right[j+k]>0&&left[j+k]>0)s++;          //统计附近上下边界点数
if(s==5)                                        //附近上下5度有点就是边
                                                //界点

    {   I1[n]=left[j],J1[n]=j;n++;             //记录左边界点
        I1[n]=right[j],J1[n]=j;n++;            //记录右边界点

    }
}
    m=0;
for(i=2;i<=358;i++)
    {s=0;
for(int k=-2;k<=2;k++)
    if(top[i+k]>0&&bottom[i+k]>0)s++;          //统计附近左右边界点数
if(s==5)                                        //附近左右5度有点就是边
                                                //界点

{   I2[m]=i,J2[m]=top[i];m++;                  //记录上边界点
    I2[m]=i,J2[m]=bottom[i];m++;              //记录下边界点

}
}
```

图 3-5(a)、图 3-5(b)为脖子区域左右边界和上下边界角度投影图。从图中可以看出,左右边界与上下边界有重复的边界点,合并时需删除重复点。

```
int k=0;
for(i=0;i<n;i++)
{   for(j=0;j<m;j++)
        if(I1[i]==I2[j]&&J1[i]==J2[j])break;
    if(j==m)
        I2[m+k]=I1[i],J2[m+k]=J1[i],k++;          //合并边界点到 I2 与 J2
}
int num=m+k;
for(i=0;i<num;i++)
    pDC->SetPixel(I2[i],J2[i],RGB(0,0,0));        //显示边界点
```

图 3-5(c)为合并后脖子区域边界角度投影图。为了计算三维脖子区域的方向,需要显示三维边界投影图。

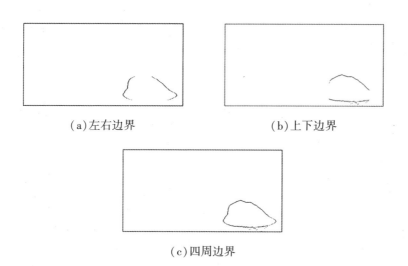

（a）左右边界　　　　　　　　　（b）上下边界

（c）四周边界

图 3-5　脖子区域边界角度投影图

4.计算头部点云的方向

根据脖子区域边界角度值可以得到三维坐标:

```
(R[J2[i]][I2[i]]->X , R[J2[i]][I2[i]]->Y , R[J2[i]][I2[i]]->Z)
```

　　将脖子区域边界两次绕坐标轴旋转,当头部方向与 Z 轴方向一致时,脖子区域面积达到最大。图 3-6 为脖子区域边界绕 X 坐标轴旋转不同角度及对应的高度。从图中可以看出,当脖子区域边界绕 X 坐标轴旋转 60°时,其高度最大。

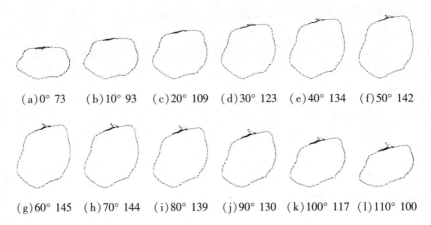

　　(a)0° 73　　(b)10° 93　　(c)20° 109　　(d)30° 123　　(e)40° 134　　(f)50° 142

　　(g)60° 145　　(h)70° 144　　(i)80° 139　　(j)90° 130　　(k)100° 117　　(l)110° 100

图 3-6　脖子区域边界绕 X 坐标轴旋转不同角度及对应的高度

　　将脖子区域边界绕 X 坐标轴旋转 60°后,再绕 Y 坐标轴旋转不同角度。图 3-7 为脖子区域边界绕 Y 坐标轴旋转不同角度及对应的宽度。从图中可以看出,当脖子区域边界绕 Y 坐标轴旋转 10°时,其宽度最大。

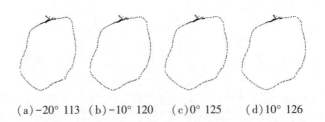

　　(a)-20° 113　　(b)-10° 120　　(c)0° 125　　(d)10° 126

图 3-7　脖子区域边界绕 Y 坐标轴旋转不同角度及对应的宽度

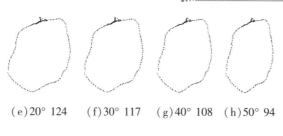

(e)20° 124 (f)30° 117 (g)40° 108 (h)50° 94

图 3-7(续)

图 3-8(a)为图 3-2 原始完整头部点云绕 X 坐标轴旋转 60°后再绕 Y 坐标轴旋转 10°的效果图,可以看出,头部点云方向已垂直 XOY 坐标平面,再绕 X 轴旋转 90°,可使头部点云直立,如图 3-8(b)所示。

(a)头部点云方向　　(b)头部点云直立效果

图 3-8　图 3-2 原始完整头部点云绕 X 坐标轴旋转 60°后再绕 Y 坐标轴旋转 10°的效果图

3.2　人脸点云转圆柱坐标

基于三维点云的物体重建方法具有重建精度高的特点,但是由于点云数据量及处理点云空间关系的计算量大,因此如果人脸点云采用目前常用的方法,效率比较低。为了快速定位人脸点云的特征点,采用圆柱坐标变换方法,将直角坐标值转换为圆柱坐标值,可以快速得到点云邻接关系。

3.2.1　圆柱坐标简介

在圆柱坐标系中,三个坐标变量分别为角度 θ、半径 r、高度 h,如图 3-9 所示。

r 为原点 O 到点 M 在平面 xOz 上投影点 M' 间的距离;θ 为从正 z 轴向 x 轴按逆时针方向转到 OM' 所转过的角;h 为点 M 到 xOz 平面上的距离。

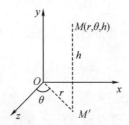

图 3-9 圆柱坐标示意图

如图 3-9 所示,以右手坐标系,圆柱的圆周从 z 轴向 x 轴方向旋转,直角坐标转换为圆柱坐标的转换公式如下:

$$\begin{cases} \theta = \arctan\left(\dfrac{x}{z}\right) & x>0,z>0 \\[2mm] \theta = \pi - \arctan\left(\dfrac{x}{-z}\right) & x>0,z\leqslant 0 \\[2mm] \theta = \pi + \arctan\left(\dfrac{x}{z}\right) & x\leqslant 0,z\leqslant 0 \\[2mm] \theta = 2\pi - \arctan\left(\dfrac{-x}{z}\right) & x\leqslant 0,z>0 \\[2mm] h = y \\[2mm] r = \sqrt{x^2+z^2} \end{cases} \tag{3-2}$$

圆柱坐标系下的人脸点云示意图如图 3-10 所示。在人脸点云转化为圆柱坐标之前,需要使人脸点云底部落在 xOz 坐标平面上,人脸的中心点在 y 轴上。

3.2.2 点云平移变换

设人脸点云原始数据为 $P(x_i,y_i,z_i)(i=0,1,2,\cdots,n-1,n$ 为点的个数$)$。

1. 计算点云中点坐标

点云的中心点计算如下:

$$\bar{x} = \frac{1}{n}\sum_{i=0}^{n-1}x_i \quad \bar{y} = \frac{1}{n}\sum_{i=0}^{n-1}y_i \quad \bar{z} = \frac{1}{n}\sum_{i=0}^{n-1}z_i \tag{3-3}$$

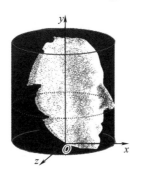

图 3-10 圆柱坐标系下的人脸点云示意图

图 3-11 为人脸点云中心点(中间的小空心圆的圆心)及俯视图。

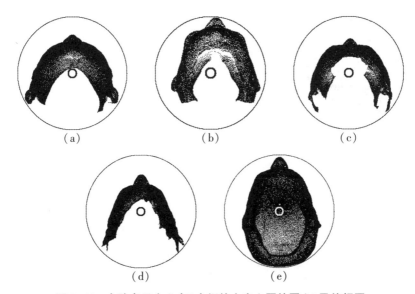

图 3-11 人脸点云中心点(中间的小空心圆的圆心)及俯视图

2. 计算人脸点云的垂直方向范围

人脸点云的垂直方向范围就是计算点云的最大和最小值,如图 3-12 所示,最小值 y_{min} 为人脸底部,最大值 y_{max} 为人脸顶部。

3. 人脸点云平移

将计算点云中点、垂直方向范围与读取点云同时进行,修改读取点云的程序如下:

图 3-12 人脸点云的垂直方向范围

```
CFileDialog dlg(true);                              //定义打开文件对话框
float ymax=-20000,ymin=20000;
if(dlg.DoModal()==IDOK)                             //显示打开文件对话框
    {name=dlg.GetFileName();                        //获取用户输入的文件名
    FILE *FileP=fopen(name,"r");                    //打开用户输入的文件
    Num=0;Xo=0,Yo=0,Zo=0;
    Head=(PointList *)malloc(sizeof(PointList));     //开辟链表头空间
    PL1=PL2=Head;
    while(! feof(FileP))
        {fscanf(fp,"% f% f% f",& PL1->X ,& PL1->Y,& PL1->Z);
                                                     //从文件中读点云数据
        Xo+=PL1->x,Zo+=p1->z;                        //分别计算点云 x、z 的总和
        if(PL1->Y>ymax)ymax=PL1->Y;                  //判断当前点 y 值是否最大
        if(PL 1->Y<ymin)ymin=PL1->Y;                 //判断当前点 y 值是否最小
        Num++;                                       //点云计数
        PL2=(PointList *)malloc(sizeof(PointList));
        PL1->next=PL2;                               //建立结点的链接
        PL1=PL2;
        }
fclose(fp);                                          //关闭文件
Xo=Xo/Num,Zo=Zo/Num;                                 //计算中心轴的位置
H=ymax-ymin+1;                                        //计算人脸点云的高度
PL1=Head;
for(int i=0;i<Num;i++)
    { PL1->X=( PL1->X-Xo);
    PL1->Y=PL1->Y-ymin;
```

```
PL1->Z=(PL1->Z-Zo);                              //人脸点云平移
pDC->SetPixel(PL1->X, PL1->Y,RGB(0,0,0));   //显示人脸点云
PL1=PL1->NextP;
}
```

图 3-13(a)为原始人脸点云,图 3-13(b)为平移后的人脸点云。

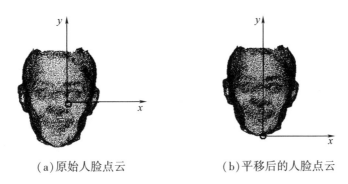

(a)原始人脸点云   (b)平移后的人脸点云

图 3-13　人脸点云平移

3.2.3　点云转圆柱坐标

1. 直角坐标转圆柱坐标函数设计

根据式(3-1),设计坐标转换函数 XyzToCircle,圆柱坐标的高度就是直角坐标的 y 值。

函数的参数(x, y, z)为直角坐标,(cd, r, y)为圆柱坐标。

```
void XyzToCircle(float x,float y,float z,int &cd,float &r)
{   float b;
    if(x>0){if(z>0)b=atan(x/z);
        else b=3.14-atan(-x/z);
        }
    else{if(z>0)b=6.28-atan(-x/z);
        else b=3.14+atan(x/z);
        }
```

```
        cd=b*180/3.14+0.5;                    //计算角度
        r=sqrt(x*x+z*z);                      //计算半径
}
```

2. 圆柱坐标与直角坐标的存储

直角坐标转为圆柱坐标后,直角坐标仍需要保存,也就是说,需要建立直角坐标与圆柱坐标的对应关系,所以定义如下数据结构及数组。

```
typedef struct HL
{ PointList * point;                          //点云中的点坐标指针
float r                                       //点离圆柱中心轴的距离,
                                              //即半径
int n                                         //点数
}HList;
HList * Cy[300][361];
```

例如:数组元素 Cy[10][60]-> point->X 表示高度为 10、角度为 $60°$ 的点的 x 坐标。图 3-14 为人脸点云的某个高度在一定范围角度的点云俯视图,在 3 条直线示意的 3 个不同的角度上,可以看出有多个点对应。

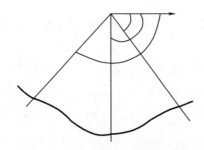

图 3-14　人脸点云的某个高度在一定范围角度的点云俯视图

如果出现这种情况,将这些点的 x、z 坐标累加并存入 Cy[h][cd]-> point->X 和 Cy[h][cd]-> point->Z 中,并记数存入 Cy[h][cd]->n 中,最后对 Cy[h][cd]-> point->X 和 Cy[h][cd]-> point->Z 求平均,再存入 Cy[h][cd]->point->X 和 Cy[h][cd]-> point->Z 中。如果需要半径的值,也可以对半径 Cy[h][cd]->r 进

行累加,最后对 Cy[h][cd]->r 求平均。这样,对应高度为 h、角度为 cd 只有一个对应点坐标。这个过程本书称为点云简化。

3. 点云简化

关键程序设计如下:

```
PL1=Head; int h,cd;
for(int i=0;i<num;i++)                          //循环所有点云
｛ XyzToCircle(float x,float y,float z,int &cd,float &r)   //转圆柱坐标
    h=PL1->Y;
    if(Cy[h][cd]==NULL)                         //无点的情况直接加点
    ｛ Cy[h][cd]=(HList*)malloc(sizeof(HList));
       Cy[h][cd]->r=r;
       Cy[h][cd]->n=1;
       Cy[h][cd]->point=PL1;
    ｝
    else                                        //有点的情况,坐标和半径
                                                //求和
    ｛ Cy[h][cd]->point->X+=PL1->X;
       Cy[h][cd]->point->Z+=PL1->Z;
       Cy[h][cd]->point->r+=r;
       Cy[h][cd]->point->n++;
    ｝
    PL1=PL1->next;
｝
for(h=0;h<H;h++)
    for(cd=0;cd<=360;cd++)
    if(Cy[h][cd]!=NULL)
        Cy[h][cd]->point->x/=R[h][cd]->n,
        Cy[h][cd]->point->z/=R[h][cd]->n,
        Cy[h][cd]->r/=R[h][cd]->n;             //取平均值
```

图 3-15 为简化后的有脸点云,与图 2-7 相比,点云稍微稀疏一些。

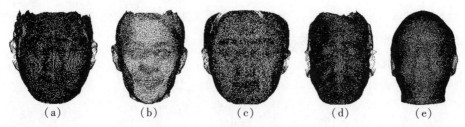

（a）　　　　（b）　　　　（c）　　　　（d）　　　　（e）

图 3-15　简化后的人脸点云

3.3　提取人脸范围

为了更准确地获取人脸点云中的器官位置,需要先选取人脸部分范围的点云,剔除与人脸无关的点云。

3.3.1　提取完整人头点云人脸范围

根据人脸左右侧对称的特点,先提取人脸点云的对称轴。

1.提取人脸的对称轴

如图 3-8(a)所示,在求出人头点云的方向后,可以通过俯视图求出人头点云的对称轴,如图 3-16(a)所示。为了提高计算效率,可以只采用某一高度的点云,如图 3-16(b)所示。

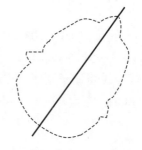

（a）人头点云　　　　　　　　（b）某一高度的人头点云

图 3-16　人头点云的对称轴示意图

为了计算方便,将 z 坐标轴的投影设为对称轴,则需要绕 y 轴旋转某一个高度的人脸点云,使人脸点云在 z 坐标轴两侧近似对称。如图 3-17(a)所示,当 z 坐标轴的投影为对称轴时,左右两边对称点的 x 绝对值近似相同,符号相反;z 值近似相同。因此,当点云旋转到 z 坐标轴投影为对称轴时,下列对称点误差之和 d 值最小。

$$d = \sum_{i=0}^{n/2} \left| (x_{i1} + x_{i2}) + |z_{i1} - z_{i2}| \right| \tag{3-4}$$

式中,n 为点云数,x_{i1}、z_{i1} 为 z 坐标轴左侧点云的 x 与 z 值,x_{i2}、z_{i2} 为 z 坐标轴右侧点云的 x 与 z 值。而 x_{i1} 与 x_{i2} 是基于 θ 相同的对称点的 x 值;z_{i1} 与 z_{i2} 是基于 θ 相同的对称点的 z 值。如图 3-17(b)所示,两个实心小圆就是对称点,但 x 绝对值与 z 值都不相同。另外在圆柱坐标下,这两个点的角度分别表示为 θ 与 $360°-\theta$。当点云旋转角度 α 时,计算 θ 与 $360°-\theta$ 的两个对称点应该变为两个空心小圆,所以对称点随着旋转角度的变化而改变。对称点的初始角度关系为:$j = 360°-\alpha$ 与 $t = 360°-\alpha-1$,下一个对称点角度关系为 $j = (j+1)\%360°$,$t = t+1$,如图 3-17(c)所示。

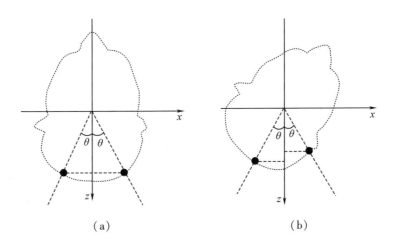

（a）　　　　　　　　　　　（b）

图 3-17　某高度人脸点云特征示意图

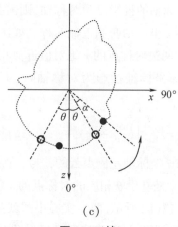

（c）

图 3-17（续）

计算旋转角度关键程序如下：

```
int i=H/2;                                          //选择某一高度的点云
for(int k=0;k<=180;k+=5)                             //旋转角度的增量为5°
    {sumx=0;p=0;
    for(int j=360-k,t=360-k-1;p<=180;j=(i+1)%360,t--)
                                                    //j 与 t 为对称点的角度
        {if(Cy[i][j]!=NULL&&R[i][t]!=NULL)          //非空缺点进行旋转
        { RevolveY(k*3.14/180, Cy[i][j]->point->X, Cy[i][j]->point
->Y, Cy[i][j]->point ->Z,x,y,z);
        RevolveY(k*3.14/180, Cy[i][t]->point ->x, Cy[i][t]->point
->y, Cy[i][t]->point ->z,x1,y1,z1);
        sumx+=fabs(x+x1+fabs(z-z1));                 //计算对称点的误差和
        }
    p++;
    }
    if(sumxmin>sumx)sumxmin=sumx,mink=k;            //记录误差最小的旋转角度
}
```

表3-1 为 3 个高度点云在不同的旋转角度对应的对称点误差之和(d 值）。从表中可以看出，当旋转角度为40°时，d 值最小。

表 3-1　3 个高度点云在不同的旋转角度对应的对称点误差之和(d 值)

旋转角度 /(°)	高度/3	高度/2	2/3 高度	旋转角度 /(°)	高度/3	高度/2	2/3 高度
0	3 099	3 454	3 094	100	2 868	3 468	3 676
10	2 658	2 908	2 314	110	2 590	3 343	3 546
20	2 159	2 148	1 662	120	1 890	2 995	3 582
30	1 232	1 237	983	130	1 193	2 653	3 950
40	397	481	328	140	1 005	2 556	3 944
50	1 216	1 458	956	150	1 296	2 674	3 895
60	1 938	2 085	1 546	160	2 036	2 952	3 795
70	2 470	2 788	1 896	170	2 667	3 499	3 803
80	2 805	3 123	2 044	180	3 067	3 549	3 345
90	2 841	2 744	1 947	—	—	—	—

图 3-18 为多个高度点云在不同的旋转角度对应的对称点误差之和(d 值)。从图中也可以看出,当旋转角度为 40°时,d 值最小。

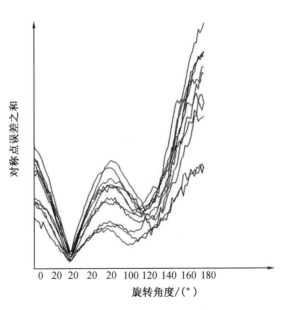

图 3-18　多个高度点云在不同的旋转角度对应的对称点误差之和(d 值)

图 3-19 为不同个高度头部点云计算对称轴的旋转结果图,与实际结果完全一致。

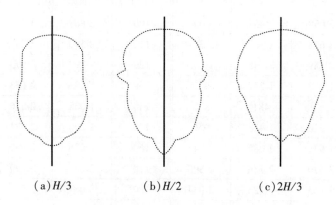

(a) $H/3$　　　　　(b) $H/2$　　　　　(c) $2H/3$

图3-19　不同高度头部点云计算对称轴的旋转结果图

2. 提取人脸的区域

如图 3-19 所示,人脸的正面与背面的明显区别是:人脸面的点云在 z 轴方向上变化明显,而人头背面在 z 轴方向上变化比较平缓。因此可以根据某高度 h 点云的 z 方向微分求和 D_h,分辨出人脸的正面与背面:

$$D_h = \sum_{i=a}^{a+m-1} \left| z_{\theta_i} - z_{\theta_{i+1}} \right| \tag{3-5}$$

式中,m 为点云数,在对称轴的左右范围取值,θ_i 为圆柱坐标的角度,θ_i 与 θ_{i+1} 为相邻角度。表 3-2 为多个高度点云在不同角度范围的 z 方向微分求和值(D_h)。表中每格上下两个数据分别为人脸正面与背面的 D_h,可以看出,在人头的中间高度附近及 $20 \sim 60°$,人脸正面的 D_h 大于人头背面的 D_h。

表3-2　多个高度点云在不同角度范围的 z 方向微分求和值(D_h)

高度/(°)	$H/10$	$2H/10$	$3H/10$	$4H/10$	$5H/10$	$6H/10$	$7H/10$	$8H/10$	$9H/10$
20	16 3	9 3	11 4	10 4	38 4	49 3	9 4	3 4	5 4
30	24 7	22 7	20 9	21 7	62 8	60 9	13 9	8 8	9 8

表 3-2（续）

高度/(°)	H/10	2H/10	3H/10	4H/10	5H/10	6H/10	7H/10	8H/10	9H/10
40	31	40	28	30	64	64	17	15	15
	14	14	15	15	15	14	16	14	12
50	40	58	41	38	69	69	22	27	24
	27	29	26	24	24	24	21	20	19
60	48	74	52	46	79	77	31	39	33
	45	43	43	38	38	37	32	30	31
70	56	88	61	58	91	88	45	49	43
	63	57	63	57	54	53	48	40	44
80	63	102	75	66	109	101	61	60	53
	77	71	85	75	69	74	66	56	59

为了更准确地判断人脸正面,将多个高度的一定角度范围内 z 方向微分进行求和:

$$D_h = \sum_{h=\frac{H}{2}-10}^{h=\frac{H}{2}+10} \sum_{i=a}^{i=a+m-1} \left| z_{\theta_i} - z_{\theta_{i+1}} \right| \qquad (3-6)$$

关键程序设计如下:

```
int dc=50;
for( i=H/2-10;i<=H/2-10;i++)
    {ds1=ds2=0;
    for( j=0;j<=dc;j++)
        {j1=360-mink-dc/2+j;
        if(Cy[i][j1]!=NULL)
            {d=Cy[i][j1]->point->z;break;}      //记录一个面第一个点的
                                                  //z 值
        }
    for( ;j<=dc;j++)                              //角度内
        {j1=360-mink-dc/2+j;
        if(Cy[i][j1]!=NULL)
```

```
          {ds1+=fabs(d-Cy[i][j1]->point->z);  //一个面的微分求和
          d=Cy[i][j1]->point ->z;
          }
       }
   for( j=0;j<=dc;j++)
      {j1=180-mink-dc/2+j;
      if(Cy[i][j1]!=NULL)
         {d=Cy[i][j1]->point ->z;break;}      //记录另一个面第一个点的
                                              //z 值
      }
   for( ;j<=dc;j++)
      { j1=180-mink-dc/2+j;
      if(Cy[i][j1]!=NULL)
         {s2+=fabs(d-Cy[i][j1]->point ->z);//另一个面的微分求和
         d=Cy[i][j1]->point ->z;
         }
      }
   }
   if(ds1>ds2)                               //第一个面为人脸面
   { for( i=0;i<H;i++)
       for( j=0;j<=180;j++)
       {int j1=360-mink-90+j;
       if(Cy[i][j1]!=NULL)
           pDC->SetPixel(R[i][j1]->point->x,Cy[i][j1]->point->y,RGB
(0,0,0));
       }
   else                                      //第二个面为人脸面
       {for(i=0;i<H;i++)
       for(j=0;j<=180;j++)
       {int j1=180-mink-90+j;
       if(Cy[i][j1]!=NULL)
           pDC->SetPixel(Cy[i][j1]->point->x,Cy[i][j1]->point->z,
RGB(0,0,0));
       }
   }
```

图 3-20 为已确定的人脸面三视图。

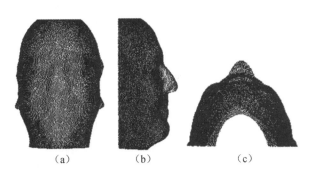

（a）　　　　　　（b）　　　　　　（c）

图 3-20　已确定的人脸面三视图

3.3.2　提取不完整人头点云人脸范围

1.确定人头后部空缺点的边界

针对不完整的人头点云,首先确定人头后部的空缺位置,以角度作为横坐标,高度作为纵坐标,展开人脸点云的圆柱坐标平面图,图 3-21 中白色空缺部位 θ_{min} 至 θ_{max} 表示此范围没有出现点云。

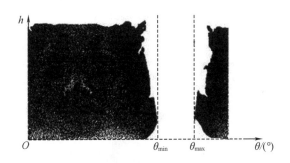

图 3-21　人脸圆柱面平面展开图

实现方法是从 0° 开始以递增方式,在循环人脸高度范围 H 内进行搜索,直到某个角度 θ_{min} 的 H 范围内没有出现点,θ_{min} 就是一个边界角度。然后从 360° 以递减方式,再循环人脸高度范围 H 进行搜索,直到某个角度 θ_{max} 的 H 范围内没有出现点,θ_{max} 就是另一个边界角度。关键程序如下:

```
for(int j=0;j<=360;j++)                    //从0°开始以递增方式搜索
{   int temp=0;                            //标记变量
    for(int i=0;i<=H;i++)                  //循环人脸高度范围H
        if(Cy[i][j]! =NULL) temp=1;        //有点进行标记
    if(temp==0)
        { jmin=j; break; }                 //有空列点,找出空列点的边界θmin
}
for( j=360;j>=0;j--)                       //从360°开始以递减方式搜索
{   int temp=0;                            //标记变量
    for(int i=0;i<=H;i++)                  //循环人脸高度范围H
        if(Cy[i][j]! =NULL) temp=1;        //有点进行标记
    if(temp==0)
        { jmin=j; break; }                 //有空列点,找出空列点的边界θmax
}
```

2. 截取人脸部分范围

(1)人脸部分角度范围

如图 3-22 所示,人脸部分只需要保留 $\theta'=0\sim180°$ 范围内。$\Delta\theta$ 表示 $\theta_{\min}$ 与 $\theta_{\max}$ 之间的夹角:$\Delta\theta=\theta_{\max}-\theta_{\min}$,$\alpha$ 表示需要去除点云的角度,可以得出:

$$\alpha=\frac{180°-\Delta\theta}{2} \tag{3-7}$$

则 $\theta_1=\theta_{\min}-\alpha$,$\theta_2=\theta_{\max}+\alpha$。

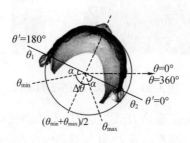

图 3-22　人脸部分角度范围示意图

$\theta'=0°$ 和 $\theta'=180°$ 所在的范围是所需要的脸面角度范围。θ' 在 $0°\sim\theta_1$ 和 $\theta_2\sim360°$ 两个区间,为了将人脸的角度调到 $0°\sim180°$,需要进一步处理。

（2）角度变换

重新调整人脸部分点云坐标点的存储结构，只保留人脸部分点云，而且角度范围 $\theta'=0°\sim180°$ 范围内，设原始角度为 θ，则变换后的角度为 θ'，如图3-22所示。

当 $\theta'_0=0$ 时，θ 为 $\left[\,(\theta_{\min}+\theta_{\min})/2+90°\right]/\,360°$ 的余数。

$$\theta'_{i'+1}=\theta'_{i'}+1°,\ \theta_{i+1}=\theta_i+1°,\theta'_{i'+1}\leqslant180°$$

为了较准地确定位人脸部分点云，以鼻尖为90°确定 θ' 的范围。人脸部分点云在圆柱坐标下，其鼻尖的半径是最大的。

（3）人脸部分数据的存储结构

将人脸部分的数据存入二维数组中：

```
X[h][cd],Y[h][cd],Z[h][cd]
```

计算人脸部分范围的关键程序如下：

```
jmid=(jmin+jmax)/2;                        //计算空部分的中间角度
if(jmid>180) jmid=jmid-180;
elsejmid=jmid+180;                         //初步定位人脸中心位置(以
                                           //鼻尖为标准)

rmax=0;
for(j=jmid-20;j<=jmid+20;j++)              //精确定位鼻尖位置
    for(int i=0;i<=H;i++)
        if(Cy[i][j]!=NULL&&Cy[i][j]->r>maxr)
            maxr=Cy[i][j]->r,Nw=j,Nh=i;    //定位鼻尖角度 Nw 与高度 Nh
for(j=Nw-90,k=0;j<=Nw+90;j++,k++)          //以鼻尖为 90°向左右计算
                                           //角度

    for(int i=0;i<=H;i++)
    {if(R[i][j]!=NULL)
    X[i][k]=Cy[i][j]->point->X,
    Y[i][k]=Cy[i][j]->point->Y,
    Z[i][k]=Cy[i][j]->point->Z;            //重新存储人脸部分点云
    else
        X[i][k]=-2000;                     //表示该点为空点
}
```

图 3-23 为截取了人脸部分范围的点云三视图。其中正视图中的圆圈为鼻尖位置,根据上面的程序,鼻尖的角度为 Nw,高度为 Nh。可以看出鼻尖定位比较准确。本书后面对人脸点云的处理都是针对截取后的人脸部分点云。

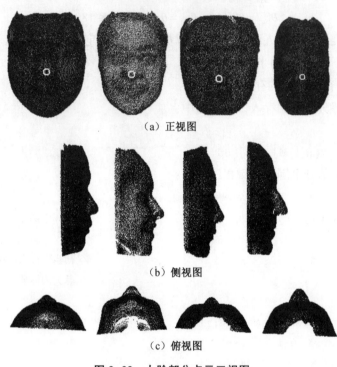

（a）正视图

（b）侧视图

（c）俯视图

图 3-23　人脸部分点云三视图

3.4　人脸点云补点

原始直角坐标转为圆柱坐标后,不能确保在每 1° 间隔都有对应点,也就是 Cy[i][j]==NULL(出现空点)。图 3-24 为 4 个人脸点云的鼻尖高度 Nh 点曲线的俯视图,可以看出有许多空点,特别是第 2 个人脸,空点较多。

（a） （b） （c） （d）

图 3-24 人脸点云的某一高度的俯视图

为了后续能较准确地定位人脸关键点,需要对空点进行补点。补点方法采用线性插值法。

对于某一个高度 h_i,寻找到空点后,再寻找其左右不为空点的边界 θ_L 和 θ_R,对空点区域进行线性插值:

$$X(\theta,h_i)=X(\theta_L,h_i)+\frac{\theta-\theta_L}{\theta_R-\theta_L}(X(\theta_R,h_i)-X(\theta_L,h_i))$$

$$Y(\theta,h_i)=h$$

$$Z(\theta,h_i)=Z(\theta_L,h_i)+\frac{\theta-\theta_L}{\theta_R-\theta_L}(Z(\theta_R,h_i)-Z(\theta_L,h_i))$$

$$(\theta=\theta_L,\theta_L+1,\cdots,\theta_R) \tag{3-8}$$

如果上下也寻找到不为空点的边界 θ_T 和 θ_B,对空点区域类似上式进行线性插值,两个插值结果取平均值。

如图 3-25 所示,对于矩形虚线框中这一行进行补空点的方法如下:

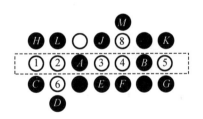

图 3-25 补点示意图

①1 号点是左边界空点,向右找非空点 A,取 A 的坐标值。再在 1 号点向上下找非空点 H 和 C,利用 H 和 C 进行线性插值得到 HC,最后 1 号点的坐标值是 $(A+HC)/2$,这里设为 $1'$。

②2 号点是空点,向右找非空点 A,向左找非空点 $1'$,2 号点取 $1'$ 和 A 的坐标线性插值 $1'A$,再向上下找非空点 L 和 D,进行线性插值得 LD,最后 2 号点的坐标值是 $(1'A+LD)/2$,这里设为 $2'$。

③3 号点是空点,向右找非空点 B,向左找非空点 A,取 A 和 B 的坐标线性插值 AB,再向上下找非空点 J 和 E,进行线性插值得到 JE,最后 3 号点的坐标值是(AB+JE)/2,这里设为 3′。

④4 号点是空点,向右找非空点 B,向左找非空点 3′,取 3′ 和 B 的坐标线性插值 3′A,再向上下找非空点 F 和 M,进行线性插值得到 FM,最后 4 号点的坐标值是(3′A+FM)/2,这里设为 4′。

⑤5 号点是右边界空点,向左找非空点 B,取 B 的坐标值,再向上下找非空点 K 和 G,进行线性插值得到 KG,最后 5 号点的坐标值是(B+KG)/2,这里设为 5′。

关键程序如下:

```
for(int i=10;i<H;i++)                    //循环人脸关键点区间的高度
    for(int j=1;j<180;j++)               //循环角度
    { jl=jr=it=ib=-1;
        if(X[i][j]==-2000)               //当前点为空点,需要补点
        { for(t=1;t<=20;t++)
        {  if(j+t>180)break;
            if(X[i][j+t]!=-2000)
                {jr=j+t;break; }         //寻找右边不为空的点
        }
        for(t=-1;t>=-20;t--)
        { if(j+t<0)break;
            if(X[i][j+t]!=-2000)
                {jl=j+t;break;}          //寻找左边不为空的点
        }
        if(jl!=-1&&jr!=-1)               //左右边界不为空,进行线性
                                         //插值
            X[i][j]=X[i][jl]+(X[i][jr]-X[i][jl])*(j-jl)/(jr-jl),
            Y[i][j]=Y[i][jl],
            Z[i][j]=Z[i][jl]+(Z[i][jr]-Z[i][jl])*(j-jl)/(jr-jl);
                                         //线性插值
        else if(jl!=-1&&jr==-1)          //左边界不为空,右边界为空,
                                         //取左边界值
            X[i][j]=X[i][jl],Y[i][j]=Y[i][jl],Z[i][j]=Z[i][jl];
```

```
   else if(jr!=-1&&jl==-1)                //左边界为空,右边界不为空,
                                          //取右边界值
       X[i][j]=X[i][jr],Y[i][j]=Y[i][jr],Z[i][j]=Z[i][jr];

   for(t=1;t<=20;t++)
       {  if(i+t>H)break;
          if(X[i+t][j]!=-2000)
              {it=i+t;break;}            //寻找上边不为空的点
       }
   for(t=-1;t>=-20;t--)
   { if(i+t<0)break;
       if(X[i+t][j]!=-2000)
           {ib=i+t;break;}              //寻找下边不为空的点
   }
   if(it!=-1&&ib!=-1)                   //上下边界不为空,线性插值
                                        //并求平均
       X[i][j]=(X[i][j]+X[it][j]+(X[ib][j]-X[it][j])*(i-it)/
(ib-it))/2,
       Z[i][j]=(Z[i][j]+Z[it][j]+(Z[ib][j]-Z[it][j])*(i-it)/
(ib-it))/2;
       }
   }
```

　　图3-26是图3-24中4个人脸点云的某一高度的俯视图进行线性插值补点后的结果,图中可以看出许多空点已被填充,特别是第2个人脸,效果更明显。

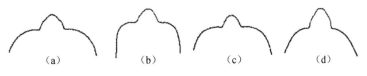

（a）　　　　　（b）　　　　　（c）　　　　　（d）

图3-26　线性插值补点

　　为了看出人脸点云插值补点前后的效果,将点云数据增大一倍,为了节省图在本书中的空间位置,结果图又缩小。图3-27是插值补点前的人脸正视图,图3-28是插值补点后的人脸正视图,可以看出插值补点后点云稍密集。

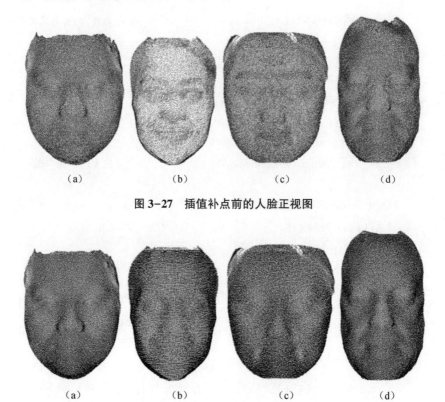

（a）　　　　　（b）　　　　　（c）　　　　　（d）

图 3-27　插值补点前的人脸正视图

（a）　　　　　（b）　　　　　（c）　　　　　（d）

图 3-28　插值补点后的人脸正视图

第4章　人脸特征点定位

本书所指的人脸特征点位置包括眉、眼、鼻、嘴的位置。定位这些关键位置需要使用积分投影。

4.1　积　分　投　影

在离散情况下,积分投影大部分是指按某个方向对某个参量进行求和后生成的投影图形。如果针对二维图形,按水平方向或垂直方向对某个参量求和后,可生成水平积分投影曲线和垂直积分投影曲线。

对于一个二维函数 $f(x, y)$,每一行的函数值求和式(4-1)或平均式(4-2)投影到垂直方向上,称为水平积分投影。即

$$S_h(y) = \sum_{x=x_1}^{x_2} f(x, y) \tag{4-1}$$

$$M_h(y) = \frac{1}{x_2 - x_1} \sum_{x-x_1}^{x_2} f(x, y) \tag{4-2}$$

每一列的函数值求和式(4-3)或平均式(4-4)投影到水平方向上,称为垂直积分投影。即

$$S_v(x) = \sum_{y=y_1}^{y_2} f(x, y) \tag{4-3}$$

$$M_v(x) = \frac{1}{y_2 - y_1} \sum_{y-y_1}^{y_2} f(x, y) \tag{4-4}$$

对于人脸点云俯视图,为了效果直观,取几个不同高度的横切点曲线并上下平移,如图4-1(a)所示,对点曲线进行垂直积分投影(不同高度、相同纬度 θ 进行 Z 值求和)得到图4-1(b),可以看出变化的特征更明显。

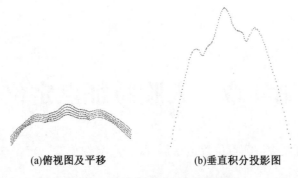

(a)俯视图及平移   (b)垂直积分投影图

图4-1   人脸点云垂直投影示意图

对于人脸点云侧视图，取几个不同角度侧切点曲线，旋转到同一个角度，并左右平移，如图4-2(a)所示。对点曲线进行水平积分投影(不同纬度 θ、高度相同进行半径求和)得到图4-2(b)，可以看出变化的特征更明显。

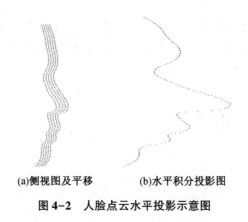

(a)侧视图及平移   (b)水平积分投影图

图4-2   人脸点云水平投影示意图

4.2   定位鼻子范围

在3.3节中图3-23的正视图已经准确定位鼻尖的角度 Nw 与高度 Nh 的位置，其坐标就是：

```
(Cy[Nh][Nw]->point->X,Cy[Nh][Nw]->point->Y,Cy[Nh][Nw]->point->Z)
```

下一步是定位鼻子左右边界。

根据鼻尖的 y 坐标 Cy[Nh][Nw]->point->Y 或 Nh,鼻尖高度处俯视点曲线图图 3-26,可以看出鼻子左右边界 z 值突变较大,鼻子外附近的点线基本是水平状态,斜率小于 1,z 值变化小。

因此我们提出一种 z 值变化计数法定位鼻子左右拐点位置。具体步骤如下:

①从鼻尖附近开始,往左计算与当前点的 z 值差,如果小于某一个值(例如 2),则累加其横坐标的长度 XLen;否则继续左边下一个点,XLen 置 0,直到左边人脸结束;最后求出最大的横坐标长度 XMLen 所对应的角度 NL 就是左拐点位置,也就是鼻子的左边界。

②从鼻尖附近开始,往右计算与当前点的 z 值差,如果小于某一个值(例如 2),则累加其横坐标的长度 XLen;否则继续右边下一个点,XLen 置 0;直到右边人脸结束;最后求出最大的横坐标长度 XMLen 所对应的角度 NR 就是右拐点位置,也就是鼻子的右边界。

关键程序如下:

```
intXLen=0,XMLen=0,i;
for(int t=93;t<175;t++)                        //从鼻尖附近向右寻鼻边界
{ for(int s=0;s<20;s++)
   { if(t+s+1>=175)break;
      if(fabs(Z[Nh][t]-Z[Nh][t+s+1])<=2)
         XLen+=X[Nh][t]-X[Nh][t+s+1];          //与当前点的 z 值差小(平
                                               //缓段)的横坐标长度累加

      else break;
   }
   if(XLen>XMLen) XMLen=XLen,j1=t;             //记录最大的横坐标长度后
                                               //部所对应的角度 j1
   XLen=0;
}
XLen=0;
for(int s=1;s<10;s++)
   if(fabs(Z[Nh][j1]-Z[Nh][j1-s])<2) XLen++;  //计算平缓段长度(以度为
                                               //单位)
```

```
      else break;
  NR=j1-XLen;                              //向平缓段前部平移,得到
                                           //鼻子右边界

  XLen=0, XMLen=0;
  for(t=87;t>3;t--)
  { for( int s=0;s<20;s++)
    { if(t-s-1<0)break;
    if(fabs(Z[Nh][t]- Z[Nh][t-s-1])<=2)
        XLen+=X[Nh][t-s-1]-X[Nh][t];      //与当前点的 z 值差小(平
                                          //缓段)的横坐标长度累加

      else break;
    }
    if(XLen>XMLen)XMLen=XLen,j2=t;        //记录最大的横坐标长度前
                                          //部所对应的角度 j2

    XLen=0;
  }
  XLen=0;
  for( s=1;s<20;s++)
    if(fabs(Z[Nh][j2]- Z[Nh][j2+s])<2) XLen++;//计算平缓段长度(以度为
                                          //单位)

    else break;
  NL=j2+XLen;                             //向平缓段后部平移,得到
                                          //鼻子左边界
```

图 4-3 为鼻子左右边界定位结果。

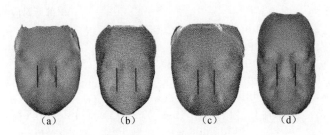

(a)　　　　(b)　　　　(c)　　　　(d)

图4-3　鼻子左右边界定位结果

52

4.3 定位嘴的位置

根据鼻尖位置的角度 Nw,将人脸点云按鼻尖的角度 Nw 绕 Y 轴方向旋转,使鼻尖在 XOY 投影面上,再进行正投影,类似人脸的侧视图,但这个侧视图与图 3-23 不完全相同,这个侧视图是鼻尖一定在 XOY 面上,而图 3-23 只是根据点云的实际坐标值,展示 XOZ 面的投影图。

如图 4-4(a)~图 4-4(d)左侧部分侧视图,嘴巴的位置处水平值有变化,但不是很明显,为了更突出嘴巴的数据变化,在鼻尖下部鼻中心的左右圆周方向(图 4-4(a)~图 4-4(d)的中间多条已旋转平移的点曲线)按半径进行积分投影(图 4-4(a)~图 4-4(d)的右边曲线),突出嘴部垂直位置。

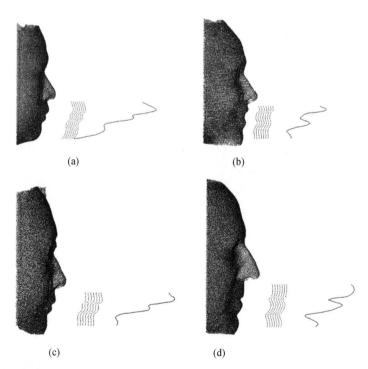

(a)

(b)

(c)

(d)

图 4-4 鼻尖下部的积分投影曲线

可以看出，最上面的极大值对应的垂直位置为上嘴唇位置，其下面的极小值就是两嘴唇间的垂直位置。按半径进行积分投影计算如下：

$$Px(h) = \sum_{\theta=Nw-3}^{Nw+3} \sqrt{X^2 + Z^2(\theta, h)} \quad 1 \leqslant h \leqslant Nh - 5 \qquad (4\text{-}5)$$

在程序设计中，可以通过绕 Y 轴旋转变换对应角度的点云，将点云旋转到 XOY 投影面上，这时的 x 值就是点的半径，可以不用上面的公式计算半径积分值。

由于需要计算极小值，设计极小值的计算函数如下：

```
//计算极小值函数 lim_min:
//q:原始曲线,y1、y2:曲线下标范围,p:极小值数组,k:极小值个数
void lim_min(float q[],int y1,int y2,int p[],int &k)
{int t=0;k=0;
for(int y=y1+1;y<y2;y++)
    if(q[y]-q[y-1]<0)t=1;
        else if(fabs(q[y]-q[y-1])<1&&t>=1)t++;
    else if(q[y]-q[y-1]>0&&t>=1)
    {p[k]=y-1-t/2,t=0;
        if(k>0&&p[k]-p[k-1]<5)p[k-1]=p[k-1]+(p[k]-p[k-1])/2;
        else k++;
    }
}
```

定位嘴位置的关键程序如下：

```
for(i=10,k=0;i<Nh+15;i++,k++)                    //在鼻子下方范围循环
{sumx=0;
for(j=Nw-3;j<=Nw+3;j++)
    {RevolveY(j*3.14/180,X[i][Nw],Y[i][Nw],Z[i][Nw],x,y,z);
                                                  //旋转到 XOY 面
        sumx+=x;                                  //计算半径积分(求和)
    }
xx[k]=sumx,yy[k]=Y[i][Nw];                        //将积分值重新存放,便于
                                                  //计算极小值
```

```
}
lim_min(xx,2,k-3,w,K);                    //计算极小值位置
Mh=w[0]+Nh+15;                            //第一个极小值位置为嘴的
                                          //垂直方向的位置 Mh
```

图 4-5 为定位嘴唇位置的示意图。

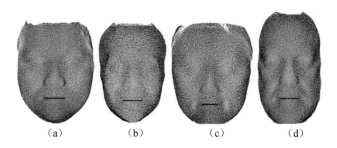

图 4-5　定位嘴唇位置的示意图

4.4　定位眼睛和眉毛的位置

首先定位眼睛及眉毛的垂直位置,再根据垂直位置定位眼睛水平位置。

4.4.1　眼睛及眉毛的垂直位置定位

类似嘴的定位方法,将人脸点云按鼻尖的角度 Nw 绕 Y 轴方向旋转,使鼻尖在 XOY 投影面上,再进行正投影。为了更突出眼睛和眉毛的变化,在鼻尖上部左右圆周方向按半径进行积分投影,突出眼睛和眉毛垂直位置。由于两个眼睛中间会有鼻梁的影响,所以积分范围必须在鼻子范围以外,也就是说,积分曲线是两组曲线的求和,如图 4-6 中部两组点曲线。积分投影如图 4-6 中的右边曲线,可以看出,最上面的极大值对应眉毛的垂直位置 Bh,其下面的极小值就是眼睛的垂直位置 Eh。

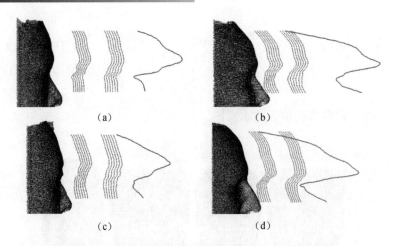

图 4-6　鼻尖上部的不同角度曲线及积分投影曲线

关键程序设计如下：

```
for(i=Nh+10,k=0;i<H-20;i++,k++)                //在鼻子上方范围循环
{ sum=0;
for(j=NR;j<=NR+5;j++)                          //在鼻子右边界右方范围
                                               //循环
    {RevolveY(j*3.14/180,X[i][j],Y[i][j],Z[i][j],x,y,z);
                                               //旋转到 XOY 面
    sum=sum+x;                                 //计算积分
    }
for(j=NL;j>=NL-5;j--)                          //在鼻子左边界左方范围
                                               //循环
    {RevolveY(j*3.14/180,X[i][j],Y[i][j],Z[i][j],x,y,z);
                                               //旋转到 XOY 面
    sum=sum+x;                                 //计算积分
    }
xx[k]=sum,yy[k]=Y[i][j];                       //将积分值重新存放,便于
                                               //计算极小值
}
lim_min(xx1,3,k-4,w,K);                        //计算极小值位置
Eh=w[0]+10;                                    //定位眼睛垂直位置 Eh
```

```
lim_max(xx1,3,k-4,w,K);                    //计算极大值位置
Bh=w[0]+10;                                //定位眉毛垂直位置 Bh
```

图 4-7 为眼睛及眉毛的垂直位置定位。

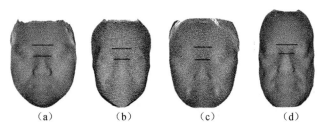

（a）　　　　（b）　　　　（c）　　　　（d）

图 4-7　眼睛及眉毛的垂直位置定位

4.4.2　眼睛的水平位置定位

根据眼睛的垂直位置 Eh，以鼻子的左右边界（NL 和 NR）为分界线，跳过鼻梁中间的位置，得到眼睛高度 Eh 附近两组平移后横切点云曲线（俯视图），如图 4-8上部的两组曲线，可以看出，在眼睛的区域，曲线稍有极大值。图 4-8 下部分为横切点云曲线组的两个积分曲线，突出了眼睛区域的极大值。

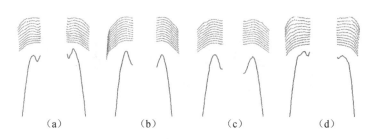

（a）　　　　　　（b）　　　　　　（c）　　　　　　（d）

图 4-8　眼睛的水平位置定位

关键程序如下：

```
for(j=30,k=0;j<NL;j++,k++)                 //在左眼水平范围内循环
{  sumy=0;
   for (i=Eh-5;i<=Eh+5;i++)
```

```
        sumy+=Z[i][j];                          //左眼睛高度 Eh 附近上下
                                                //点云 z 坐标积分

        yy[k]=sumy,xx[k]=X[i][j];               //将积分值重新存放,便于
                                                //计算极大值

    }
    lim_max(yy,2,k-3,w,K);                       //计算极大值位置
    EL=w[0]+30;                                  //定位左眼睛水平位置角
                                                //度 EL

    for(j=NR,k=0;j<=155;j++,k++)                 //在右眼水平范围内循环
    {sumy=0;
        for (i=Eh-5;i<=Eh+5;i++)
            sumy+=Z[i][j];                       //右眼睛高度 Eh 附近上下
                                                //点云 z 坐标积分

        yy[k]=sumy,xx[k]=X[i][j];               //将积分值重新存放,便于
                                                //计算极大值

    }
    lim_max(yy,2,k-3,w,K);                       //计算极大值位置
    ER=w[0]+NR;                                  //定位右眼睛水平位置角
                                                //度 ER
```

图 4-9 为眼睛的定位。

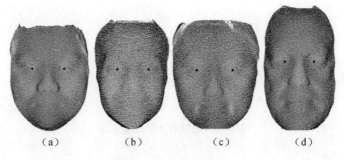

　　（a）　　　　　（b）　　　　　（c）　　　　　（d）

图 4-9　眼睛的定位

　　将两个眼睛的水平中心位置角度 ER、EL 近似为眉毛的中心位置角度,再根据眉毛高度 Bh,可以定位眉毛,如图 4-10 所示。

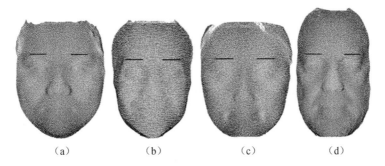

图 4-10　眉毛的定位

最终关键点定位结果如图 4-11 所示。

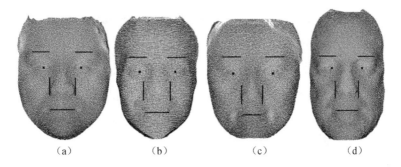

图 4-11　最终关键点定位结果

第5章 人脸重建

三维点云重建的方法有许多,本书采用均匀周期二次 B 样条曲面进行重建,其前提条件是点云需要转为四边网格。第 4 章已将点云的直角坐标转为圆柱坐标,变为有序的网格化点云,方便人脸重建。

5.1 多边形面的生成算法

多边形面的生成方法一般是进行多边形填充,这里仅介绍扫描线填充算法。

5.1.1 扫描线填充简介

扫描线(可以理解为一族间隔为一个像素的水平线)填充方法主要是按扫描线顺序,分别计算扫描线与多边形边界线的交点,得出区间内的像素坐标并进行填充。如图 5-1 所示,扫描线 3 与多边形的边界线交于 4 个点 A、B、C、D,把扫描线分为 5 个区间,其中,$[A, B]$ 和 $[C, D]$ 两个区间落在多边形内,该区间内的像素应取多边形颜色。其他区间内的像素不进行处理。

5.1.2 扫描线填充步骤

图 5-1 中的扫描线 3 与多边形的 4 个交点 A、B、C、D 的顺序必须按 x 递增(或递减)顺序排列,才能得到区域内的 AB 与 CD 两个区域。

对于一条扫描线,填充分为 4 个步骤。

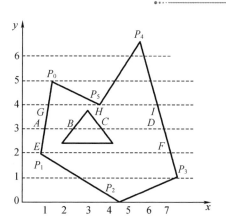

图5-1 多边形与若干扫描线

（1）求交点：计算扫描线与多边形各条边的交点。

（2）交点排序：把所有交点按 x 增顺排序。

（3）交点配对：交点两两配对，每对交点就代表扫描线与多边形的一个相交区间。

（4）区间填色：将相交区间内的像素置成多边形颜色。

当用间隔为 1 的多个扫描线填充多边形域时，扫描线一定与多边形顶点相交，这时会出现异常情况。如图 5-1，扫描线 2 与多边形顶点 E、F 相交，当计算扫描线 2 与多边形各边的交点时，E 计算了两次，当按前述算法对交点按 x 进行排序后再两两配对时，只有区间 $[E,E]$ 取多边形颜色，区间 $[E,F]$ 并没取多边形颜色，这与实际不符；扫描线 4 与多边形边有 3 个交点 G、H、I，当按前述算法对交点按 x 进行排序后再两两配对时，只有 $[G,H]$ 取多边形颜色，$[H,I]$ 没有取多边形颜色。因此必须对这种情况进行特殊处理。

在进行交点计算时，如果扫描线都不经过多边形顶点，则交点配对时不会出现异常情况。因此可以考虑使扫描线不经过多边形顶点，即在判断扫描线与多边形各边是否有交点时，人为地将扫描线抬高（或降低）0.5 单位。当判断扫描线 4 与多边形各边是否有交点时，用扫描线 4.5 进行判断，可得出 4 个交点，而当计算 4 个交点的坐标值时，再将扫描线 4.5 还原为扫描线 4，则计算出的 4 个交点并排序后为 G、H、H、I。当按前述算法对交点按 x 进行排序后再两两配对时，与实际相符；当判断扫描线 2 与多边形各边是否有交点时，用扫描线 2.5 进行判断，可得出 2 个交点，而当计算 2 个交点的坐标值时，再将扫描线 2.5 还原为扫描线 2，则计算出的

2 个交点并排序后为 E、F，与实际不符。

由于点云最后生成的网格都是四边形，所以后面仅介绍四边形的填充。而上面的扫描线填充步骤可以简化为：

(1)求交点：计算扫描线与四边形的两个交点。

(2)交点排序：把两个交点按 x 增顺排序。

(3)区间填色：将交点区间内的像素置成多边形颜色。

5.1.3　扫描线填充四边形的程序设计

为了计算每条扫描线与四边形各边的交点，最简单的方法是把多边形的四个顶点放在数组中。在处理每条扫描线时，按顺序从数组取出所有的边，分别与扫描线求交。

1. 保存四边形顶点坐标

将四边形各顶点坐标存入数组 $x[i]$、$y[i]$（$i = 0$, 1, 2, 3）中，为了使四边形形成封闭区域，最后一个顶点与 $i = 0$ 顶点相同，如图 5-2 所示。

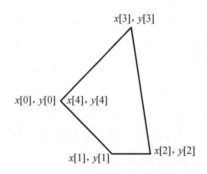

图 5-2　四边形各顶点坐标的保存

2. 确定扫描线的范围

扫描线在多边形的范围内才能与多边形各边有交点，很明显扫描线与多边形边交点的范围是多边形顶点的最大 y 值与最小 y 值：

```
ymin=y[0]; ymax=y[0];
for(int i=1; i<n; i++)
{    if (y[i] < ymin) ymin=y[i];
```

```
if (y[i] > ymax) ymax = y[i];
}
```

3. 计算扫描线与四边形的交点

如图 5-3 所示,扫描线 h 与边相交的条件是 $(h-y[i])(h-y[i+1])<0$。

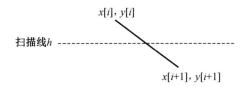

$x[i], y[i]$

扫描线h

$x[i+1], y[i+1]$

图 5-3　扫描线与边相交示意图

可使用线性插值方法,计算交点的 x 坐标值(存入另一个数组 xd 中),交点的 y 坐标就是扫描线 h。

```
if ((h-y[i]) * (h-y[i+1]) <0)
    xd[k]=x[i]+(x[i+1]-x[i]) * (yy-y[i])/(y[i+1]-y[i]);
```

4. 交点排序

将两个交点中 x 值较小的放在前面:

```
if(xd[0]>xd[1])
    t=xd[0],xd[0]=xd[1],xd[1]=t;
```

5. 填充扫描线

通过画点实现填充扫描线

```
for(int xx=xd[0];xx<=xd[1];xx++)
    pDC->SetPixel(xx,yy,RGB(r,g,b));
```

扫描线填充四边形的函数设计如下:

```
                                    //输入参数 x[],y[]----
```

```
                                              //封闭四边坐标
                                              //r、g、b----颜色值
                                              //输出参数----无
    void FullPlane(CDC *pDC,float x[],float y[],float z[],BYTE r,BYTE g,
BYTE b)
    {int ymin,ymax,i,k,j,h, xd[3],t;
    ymin=y[0],ymax=y[0];
    for(i=1;i<4;i++)
        {if(y[i]<ymin)ymin=y[i];
        if(y[i]>ymax)ymax=y[i];              //计算扫描线范围
        }
    for(h=ymin;h<=ymax;h++)                   //扫描线循环
        { k=0;
        for(i=0;i<4;i++)                       //四边形边循环
            if((h-y[i])*(h-y[i+1])<0)
            xd[k++]=x[i]+(x[i+1]-x[i])*(h-y[i])/(y[i+1]-y[i]);
                                              //求交点
        if(k==2)                              //有两个交点
            { if(xd[0]>xd[1])
                t=xd[0],xd[0]=xd[1],xd[1]=t;
            }
        else continue;
        for(j=xd[0];j<=xd[1];j++)             //交点内填充
            pDC->SetPixel(j,h,RGB(R,G,B));
        }
    }
```

5.2 真实感平面生成

真实感图形处理主要包括光照、消隐、纹理、透明、阴影等,本文重点介绍前两种。

5.2.1 简单光照模型

光照射到物体表面可能被反射、透射或吸收,其中反射或透射部分的光才使物体可见。如果所有的光均被物体吸收,则物体呈现黑色;如果光没有被吸收,则物体呈现白色。所以物体的颜色取决于没有被吸收的光。

从物体表面反射出来的光决定于光源与物体,其中光源包括位置、形状和成分等;物体包括位置、表面朝向和表面性质等。本书仅介绍简单的光照模型,只考虑反射光的作用,假定光源为点光源、物体是非透明的(透射光忽略不计)、不考虑物体间反射光的精确计算(用环境光代替)。简单光照模型物体表面的反射光又可分为漫反射光和镜面反射光。

1.漫反射光

漫反射光主要出现在粗糙、无光泽的物体表面。漫反射光可以认为是光穿过物体表面并被吸收,然后又重新发射出来的光。漫反射光均匀地散布在各个方向,因此从任何角度去观察这种表面都有相同的亮度。漫反射光的计算公式如下:

$$I_{\mathrm{d}} = I_t K_d \cos \theta \quad 0 \leqslant \theta \leqslant \frac{\pi}{2} \tag{5-1}$$

式中,I_{d} 为漫反射光光强;I_t 为点光源发出的入射光光强;K_{d} 为漫反射系数($0 \leqslant K_{\mathrm{d}} \leqslant 1$),取决于物体表面的特性;$\theta$ 为入射光 L 与表面法线 n 之间的夹角。

漫反射示意图如图 5-4 所示。

图 5-5 显示了不同参数的漫反射效果图,图中正方形平面长度为 100 个像素单位,平面法向量指向用户,图 5-5(a)与图 5-5(c)中的光源在平面中点法向量(指向用户)方向 100 个像素单位处,图 5-5(b)与图 5-5(d)中的光源在平面左下角法向量(指向用户)方向 100 个像素单位处。可以看出漫反射系数越大,亮度越

大,在光线垂直表面的位置处亮度最大($\theta=0$)。

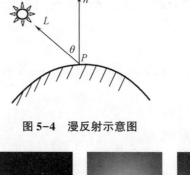

图 5-4　漫反射示意图

(a)K_d=0.5　　　　(b)K_d=0.5　　　　(c)K_d=0.8　　　　(d)K_d=0.8

图 5-5　漫反射效果图

2.环境光

如果物体没有受到点光源直接照射,物体应该会呈现黑色。但是在实际场景中,物体还会接收到从周围环境物体散射出来的合成光,称为环境光,有如下计算公式:

$$I_e = I_a K_a \tag{5-2}$$

式中,I_e 为环境光的漫反射光强;I_a 为入射的环境光光强;K_a 为环境光的漫反射系数。

图 5-6 为漫反射与环境光效果图,与图 5-5 相比,图中平面上的光强因环境光总体增强。

(a)　　　　　(b)　　　　　(c)　　　　　(d)

图 5-6　漫反射与环境光效果图

3. 镜面反射光

镜面反射主要体现在光滑的物体表面。理想情况下,镜面反射的反射角等于入射角,且只有在反射角角度上观察才能看到反射光。如图5-7所示,视线矢量 S 将与反射光矢量 R 重合,即 α 角等于0。对于非理想反射表面,到达观察者的光取决于镜面反射光的空间分布。光滑表面上反射光的空间分布会聚性较好,而粗糙表面反射光将散射开去。在发亮的物体表面上,常能看到高光,这是由于镜面反射光沿反射方向会聚的结果。

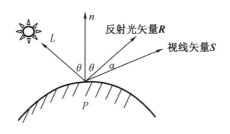

图5-7 镜面反射

镜面反射光常采用如下模型:

$$I_s = I_t K_s \cos^n \alpha \tag{5-3}$$

式中, I_s 为镜面反射光光强; I_t 为点光源发出的入射光光强; K_s 为镜面反射常数, $0 \leq K_s \leq 1$; α 为视线矢量 S 与反射光线矢量 R 的夹角; n 为幂次,用以模拟反射光的空间分布,表面越光滑, n 越大。

如图5-8镜面反射效果图,图中点光源在平面左下角法向量(指向用户)方向100个像素单位处,视点在平面右上角法向量(指向用户)方向100个像素单位处。图中的中心光强区是镜面反射光,左下角光强区是漫反射光强。从图5-8(a)到图5-8(e),镜面反射的幂次 n 逐渐变小,平面的光滑程度从强到弱。

将上述环境光、漫反射和镜面反射结合在一起,得到简单的光照模型如下:

$$I = I_e + I_d + I_s = I_a K_a + I_t (K_d \cos\theta + K_s \cos^n \alpha) \tag{5-4}$$

如果存在 m 个点光源,可将它们的效果线性叠加,此时光照模型为

$$I = I_a K_a + \sum_{i=1}^{m} I_i (K_d \cos\theta_i + K_s \cos_i^n \alpha_i) \tag{5-5}$$

(a)$n=10$　　　　(b)$n=8$　　　　(c)$n=6$　　　　(d)$n=4$　　　　(e)$n=2$

图 5-8　镜面反射效果图

4. 简单光照模型的计算

根据图 5-4 与图 5-7 中各矢量的几何关系,由两矢量的点积公式可得

$$\cos\theta = \frac{n \cdot L}{|n||L|}$$

$$\cos\alpha = \frac{R \cdot S}{|R||S|} \tag{5-6}$$

在三维空间中,由于反射光矢量 R 较难确定,可使用下面公式近似计算:

$$I = I_a K_a + I_t \left[K_d \cdot \frac{n \cdot L}{|n||L|} + K_s \left(\frac{R \cdot S}{|R||S|} \right)^n \right]$$

$$\approx I_a K_a + I_t \left[K_d \cdot \frac{n \cdot L}{|n||L|} + K_s \left(\frac{H \cdot n}{|H||n|} \right)^n \right]$$

$$H = L + S \tag{5-7}$$

5. 法向量计算

计算某点的光强需要计算该点的法向量。对于一个多边形面块,顺序取出 3 个顶点的 (x, y, z) 坐标,由下式计算法向量。

$$a = (y_2 - y_1)(z_3 - z_1) - (y_3 - y_1)(z_2 - z_1)$$

$$b = (z_2 - z_1)(x_3 - x_1) - (z_3 - z_1)(x_2 - x_1)$$

$$c = (x_2 - x_1)(y_3 - y_1) - (x_3 - x_1)(y_2 - y_1) \tag{5-8}$$

相应的程序函数如下:

```
//计算平面单位法向量函数 vector
//输入参数:x[],y[],z[]----平面三个顶点坐标
//输出参数:(a,b,c)----平面的单位法向量
void vector(int x[], int y[], int z[] , float &a ,float &b , float &c)
{
    a=(y[1]-y[0]) * (z[2] - z[0])-(y[2] - y[0]) * (z[1] - z[0]);
```

```
b=(z[1] - z[0]) * (x[2] - x[0]) - (z[2] - z[0]) * (x[1] - x[0]);
c=(x[1] - x[0]) * (y[2] - y[0]) - (x[2] - x[0]) * (y[1] - y[0]);
float nn=(sqrt(a * a + b * b + c * c));
a=a/nn; b=b/nn; c=c/nn;
}
```

前面介绍的简单光照模型主要是计算光强,而在画点函数中,控制颜色的是 RGB 颜色模型,如何通过光强控制颜色的亮与暗,需要进行颜色模型转换。

5.2.2 颜色模型

在前面的四边形填充程序中,添加计算每个像素的光强就可得到具有不同光照的多边形面的效果。由于前面介绍画点的颜色是由 RGB 三原色控制,与光强没有直接联系,因此需要进行颜色模型转换。颜色模型主要有 RGB、HSI、HSV、CHL、LAB、CMY、XYZ、YUV 等,这里仅介绍两种颜色模型。

1. RGB 颜色模型

RGB(Red, Green, Blue)颜色模型也被称为与设备相关的颜色模型,RGB 颜色模型所覆盖的颜色域取决于显示设备荧光点的颜色特性,即与硬件相关。

RGB 颜色模型采用三维直角坐标系,红、绿、蓝原色是加性原色,各个原色混合在一起可以产生复合色。RGB 颜色模型通常采用如图 5-9 所示的单位立方体来表示。在正方体的主对角线上,各原色的强度相等,产生由暗到明的白色,也就是不同的灰度值。图中 $(0,0,0)$ 为黑色,$(1,1,1)$ 为白色,也可设置其他值,如 $(255,255,255)$ 为白色。正方体的其他六个角点分别为红、黄、绿、青、蓝和品红。

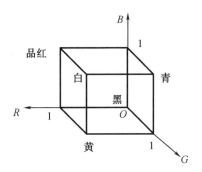

图 5-9 RGB 颜色模型

2. HSI 颜色模型

HSI 颜色模型是从人的视觉系统出发,用色调、色饱和度和亮度来描述色彩,色调主要表示颜色,饱和度表示颜色的鲜明程度,亮度表示明亮程度,也就是前面提到的光强。与 RGB 颜色模型相比,HSI 颜色模型更符合人的视觉特性。

HSI 颜色模型可用圆柱表示,如图 5-10 所示,也可以用圆锥表示。色调 H 用角度表示,0°表示红色;120°表示绿色;240°表示蓝色。饱和度 S 用半径长度表示,$S=0$ 表示颜色最暗,即无色;$S=1$ 表示颜色最鲜明。亮度 I 用高度表示,沿高度方向逐渐变化,底处 $I=0$ 表示黑色;顶处 $I=1$ 表示白色(也可以用其他值)。

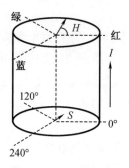

图 5-10　HSI 颜色模型

3. RGB 与 HSI 之间的关系

对任何 3 个 $[0, 1]$ 范围内的 R、G、B 值,其对应 HSI 模型中的 I、S、H 分量的计算公式为

$$I = \frac{1}{3}(R+G+B)$$

$$S = I - \frac{1}{3(R+G+B)}[\min(R,G,B)]$$

$$H = \arccos\left\{\frac{[(R-G)+(R-B)]/2}{[(R-G)^2+(R-B)(G-B)]^{1/2}}\right\} \quad (5-9)$$

转换函数程序如下:

```
//RGB 转 HSI 的函数 RGB _HSI
//输入参数:r,g,b-----RGB 三分量值(0~255)
```

```
//输出参数:h,s,i-----HSI 三分量值(h:0~2π,s: 0~1,i: 0~255)
void  RGB_HSI(float r,float g, float b,float &h, float &s, float &i)
{float m;
r=r/255.0,g=g/255,b=b/255;
i=(r + b + g) /3 ;
if(b<=r&&b<=g)m=b;
else if(r<=b&&r<=g)m=r;
else if(g<=b&&g<=r)m=g;
s=1-3.0 * m/(r+g+b);
h=acos((2 * r-g-b) /2/sqrt((r-g) * (r-g)+(r-b) * (g-b)));
if(b>g)h=6.28-h;
i=i * 255;
}
```

假设 S、I 的值在 $[0,1]$ 之间,R、G、B 的值也在 $[0,1]$ 之间,分成 3 段以利用对称性,则 HSI 转换为 RGB 的公式为

$$B=I(1-S)$$

$$R=I\left[1+\frac{S\cos H}{\cos(60°-H)}\right] \quad H\in[0°,120°]$$

$$G=3I-(B+R)$$

$$B=I(1-S)$$

$$G=I\left[1+\frac{S\cos(H-120°)}{\cos(180°-H)}\right] \quad H\in[120°,240°]$$

$$B=3I-(R+G)$$

$$G=I(1-S)$$

$$B=I\left[1+\frac{S\cos(H-120°)}{\cos(300°-H)}\right] \quad H\in[240°,360°] \tag{5-10}$$

$$R=3I-(G+B)$$

转换函数的程序如下:

```
//HIS 转 RGB 的函数 HSI _ RGB
//输入参数:h,s,i-----HSI 三分量值(h:0~2π,s: 0~1,i: 0~255)
//输出参数:r,g,b-----RGB 三分量值(0~255)
```

```
void  HSI_RGB (float h, float s, float i , float &r ,float &g , float &b)
{ float p=(float)(3.14/180);
if (h >=0 && h <=120 *p)
    { b=(int)( i * (1-s));
    r=(int)(i * (1 + s * cos(h) /cos(60 *p-h)));
        g=(int)(3 * i-(b+r));
    }
else if (h >=120 * p && h <=240 *p )
    { r=(int)(i * (1-s));
    g=(int)(i * (1 + s * cos(h - 120 *p) /cos(3.14 - h)));
    b=(int)(3 * i-(g+r));
    }
else if (h >=240 *p && h <=360 *p )
    {g=(int)(i * (1-s));
        b=(int)( i * (1 + s * cos(h - 240 *p) /cos(300 *p-h)));
    r=(int)( 3 * i-(g+b));
    }
if(r<0)r=0;
if(g<0)g=0;
if(b<0)b=0;
if(r>255)r=255;
if(g>255)g=255;
if(b>255)b=255;
}
```

5.2.3　光照平面的算法

一般情况下是用户给定物体的 HSI 中的色调值 H 和饱和度 S，而亮度(或光强)值通过现场环境进行计算。当在设备中输出图形时，一般要转为 RGB 值。

在前面扫描线填充四边形的函数中添加三维坐标并计算光强，可得到图 5-5及图 5-7 带光照的平面。

计算平面正投影后每个像素漫反射光强算法如下：

```
//计算平面系数 a,b,c,d;
//计算扫描线范围 ymin、ymax
for(y=ymin;y<=ymax;y++)
    {计算扫描线 y 与边的交点
    for(交点内像素点的 x)
        {计算光源与法向量的夹角余弦
        I=Ip Kp cos(θ)
        HSI 转为 RGB,
        在(x,y)处写颜色为 RGB 点
    }
}
```

5.2.4　消隐处理

1. Roberts 算法

Roberts 算法是非常著名的消隐算法,这里只介绍该算法中的其中一种方法,即对自身隐藏面的消除。该方法不能消除其他物体或其他部分对自身的遮挡情况,另外这种方法只适用凸面体,因此,该方法可应用在消隐的初期。该算法的特点是数学处理简单、精确且适用性强。

其具体过程如下:

(1)计算平面法向量(a,b,c)。

(2)确定不可见面。

设投影方向为(X_p,Y_p,Z_p),那么$(a,b,c) \cdot (X_p,Y_p,Z_p)>0$ 时,面块的法向量与投影方向的夹角小于 90°,此面为自隐藏面,是不可见面,在绘图时,此面不绘制。在正投影中,投影方向一般为$(0,0,-1)$或$(0,0,1)$,因此,若 $c>0$ 或 $c<0$,则该面块是不可见面;否则为可能的可见面,但是该面存在被其他物体遮挡的可能性。

2. 缓冲器算法

Z 缓冲器算法又称深度缓冲器算法,是一种简单的隐藏面消除算法。该算法最早由 Catmull 提出。算法的基本思想是对于屏幕上的每个像素,记录下位于此像素内最靠近观察者的一个像素的 Z(深度)值和亮度值。如图 5-11 所示,通过屏幕上(投影面)任一像素(x,y),引平行 Z 轴的射线交物体表面于点 p_1、p_2、p_3,则 p_1、

p_2、p_3 为物体表面上对应于像素 (x,y) 的点，p_1、p_2、p_3 的 Z 值称为该点的深度，P_3 的 Z 值最大，离观察者最近，其深度 Z 值和亮度值将被保存下来。算法在实现上增加一个 Z 缓冲器，用于存放图像空间中每一可见像素相应的深度或 z 坐标。由此可见该算法较适用于正投影。

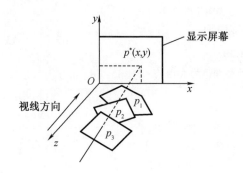

图 5-11   深度 (Z) 值示意图 1

Z 缓冲器算法描述如下：

```
//缓冲区中各位置 Z 赋最小值
//将物体各多边形进行相应的几何变换
for (多边形面)
｛计算多边形平面方程系数(a,b,c,d)
    for (扫描线)
    ｛for(扫描线上多边形中所有像素)
        ｛求像素的 z 值
            if ( z > 缓冲区中相应位置 Z )
            ｛缓冲区中相应位置 Z 用 z 代替
            该像素置该多边形颜色
            ｝
        ｝
    ｝
｝
```

Z 缓冲器算法的最大优点在于简单。它可以方便地处理隐藏面以及显示复杂曲面之间的交线。画面可以任意复杂，因图像空间大小固定，计算量随画面复杂度线性增长。由于扫描多边形无次序要求,故无须按深度优先级排序。Z缓冲器算法的缺点是需占用大量存储单元。

如图5-12所示,在此坐标系下(通常是显示器的默认坐标系),p_3的Z值最小,离观察者最近,算法描述改为如下:

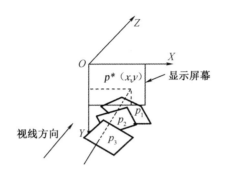

图5-12 深度(Z)值示意图2

```
//缓冲区中各位置 Z 赋最大值
//将物体各多边形进行相应的几何变换
for (多边形面)
{计算多边形平面方程系数(a,b,c,d)
    for (扫描线)
    {for(扫描线上多边形中所有像素)
        {求像素的 z 值
        If ( z < 缓冲区中相应位置 Z )
            { 缓冲区中相应位置 Z 用 z 代替
            该像素置该多边形颜色
            }
        }
    }
}
```

设 Z 缓冲器定义如下:

```
float zuff[5000][5000];
```

Z 缓冲器的初始化函数如下：

```
void zuff_init(int n)
{for(int i=0;i<n;i++)
    for(int j=0;j<n;j++)
        zuff[i][j]=32767;                          //显示器的默认坐标系
}
```

修改前面四边形平面的填充函数就是真实感四边平面的绘制（只计算漫反射）：

```
//输入参数 x[],y[],z[]----封闭四边平面坐标
//Lx,Ly,Lz----点光源位置
//It,Kd ----光源强度和漫反射系数
//          H、S----平面色调与饱和度
//输出参数----无
void FullRealSmall(CDC *pDC,float x[],float y[],float z[],int Lx,int
Ly,int Lz,int It,float Kd,int Ie,float H,float S)
{int ymin,ymax,i,k,j,h,m,xd[10],t,I,R,G,B;
float a,b,c,d,zz,vx,vy,vz,cos1;
vector(x,y,z,a,b,c),   d=-(a*x[0]+b*y[0]+c*z[0]);
                                                    //计算平面系数
ymin=y[0],ymax=y[0];
for(i=1;i<4;i++)
    { if(y[i]<ymin)ymin=y[i];
    If(y[i]>ymax)ymax=y[i];
    }                                              //扫描线范围
for(h=ymin;h<=ymax;h++)                             //扫描线循环
    { k=0;
    for(i=0;i<n;i++)                               //多边形边循环
        if((h-y[i])*(h-y[i+1])<0)
            xd[k++]=x[i]+(x[i+1]-x[i])*(h-y[i])/(y[i+1]-y[i]);
                                                    //求交点
```

```
      if(k==2)                                    //有两个交点
      { if(xd[0]>xd[1])
          t=xd[0],xd[0]=xd[1],xd[1]=t;
      }
    else continue;
for(j=xd[0];j<=xd[1];j++)                        //交点内填充
  {zz=-(a*j+b*h+d)/c;                            //计算填充点深度
  if(zz<zuff[j][h])
    { zuff[j][h]=zz; vx=Lx-j,vy=Ly-h,vz=Lz-zz;
      cos1=(vx*a+vy*b+vz*c)/sqrt(vx*vx+vy*vy+vz*vz);
                                                 //夹角余弦
      I=It*Kd*cos1+Ie;                           //计算光强
      if(I<0)I=0;
          if(I>255)I=255;
      HSI_RGB(H,S,I,R,G,B);                      //模型转换
      pDC->SetPixel(j,h,RGB(R,G,B));
      }
    }
  }
}
```

5.3 真实感曲面生成

5.3.1 网格曲面

1. 曲面参数方程

三维曲面参数方程表示如下：

$$x=x(u,v)$$
$$y=y(u,v) \quad (u_1 \leq u \leq u_2, v_1 \leq v \leq v_2) \tag{5-11}$$
$$z=z(u,v)$$

　　三维曲面的参数方程有 u 和 v 两个参数,两个参数分别表示两个方向的曲线,如图 5-13。

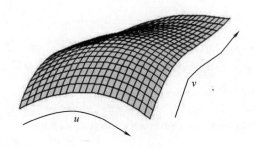

图 5-13　三维参数曲面

2. 旋转曲面

　　如图 5-14 所示,在一个直角坐标系中,已知一条母线 Q 以及母线的参数方程(参数为 u):

$$x = x(u)$$
$$y = y(u)$$
$$z = 0$$

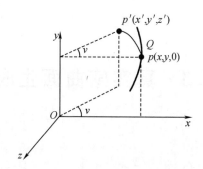

图 5-14　旋转曲面推导示意图

　　母线 Q 上一点 $p(x,y,0)$ 旋转到 p' 点为 (x',y',z'),旋转角度为 v,旋转后的点为

$$x' = x\cos(v)$$
$$y' = y$$
$$z' = x\sin(v)$$

(5-12)

将母线方程带入式(5-12),可以得到旋转曲面的参数方程:

$$x = x(u)\cos(v)$$

$$y = y(u)$$

$$z = x(u)\sin(v) \tag{5-13}$$

不同的母线旋转可得到不同的曲面。

母线为圆心在原点、半径为 r 半圆的球面参数方程:

$$x'(u,v) = r\cos(u)\cos(v) \qquad -\pi/2 < u < \pi/2$$

$$y'(u,v) = r\sin(u) \qquad\qquad 0 < v < 2\pi \tag{5-14}$$

$$z'(u,v) = r\cos(u)\sin(v)$$

母线为圆心在 (x_0, y_0)、半径为 r 小圆的圆环参数方程:

$$x' = (x_0 + r\cos u)\cos v$$

$$y' = y_0 + r\sin u \qquad\qquad 0 \leqslant u \leqslant 2\pi \tag{5-15}$$

$$z' = (x_0 + r\cos u)\sin v \qquad 0 \leqslant v \leqslant 2\pi$$

母线为高度 h 与 Y 轴距离 r 垂直直线的圆柱参数方程:

$$x' = r\cos v$$

$$y' = hu \qquad 0 \leqslant u \leqslant 1 \tag{5-16}$$

$$z' = r\sin v \qquad 0 \leqslant v \leqslant 2\pi$$

还有母线为斜线的圆锥或圆台面、母线为半椭圆的椭球面等,如图 5-15 所示。

需要说明的是,前面旋转面都是绕 Y 轴旋转,如果绕其他轴旋转,则旋转面参数方程需要相应变化。

3. 旋转网格曲面的生成

从图 5-15 可以看出,曲面可以看成由许多四边小平面组成。如图 5-16,对于一个网格曲面,设某一个小平面的一个点参数为 (u,v),设为 (u_0, v_0),代入曲面的参数方程可求坐标点 (x_0, y_0, z_0);在 u 方向的一个增量点为 $(u+du, v)$,设为 (u_1, v_1),代入曲面的参数方程可求坐标点 (x_1, y_1, z_1);在 u 方向的一个增量点和 v 方向的一个增量点为 $(u+du, v+dv)$,设为 (u_2, v_2),代入曲面的参数方程可求坐标点 (x_2, y_2, z_2);在 v 方向的一个增量点为 $(u, v+dv)$,设为 $u_3 v_3$,代入曲面的参数方程可求坐标点 (x_3, y_3, z_3)。当循环整个曲面的 u、v 值,就可求出曲面中的所有四边面并进行绘制。

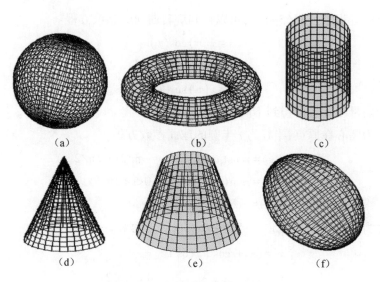

图 5-15　多种旋转曲面示意图

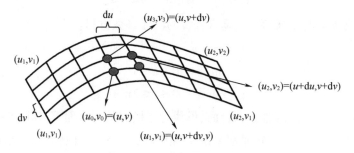

图 5-16　网格曲面绘制示意图

下面以绘制网格球面为例介绍程序设计(其他曲面生成类似)。在绘制网格球面之前,先设计计算球面上任一点的函数如下:

```
//输入参数 x0,y0,z0----球心坐标
//r----球半径
//u、v ----球面参数
//输出参数 x,y,z----球面上的坐标
void Sphere(int x0,int y0,int z0,int r,float u,float v,float &x,float
&y,float &z)
{ x=x0+r*cos(u)*cos(v);
    y=y0+r*sin(u);
```

```
    z=z0+r*cos(u)*sin(v);
}
```

绘制网格球面的函数设计如下：

```
//输入参数 pDC----设备环境指针
//        x0,y0,z0----球心坐标
//r----球半径
//du、dv ----球面网格参数间隔
//        dx、dy ----平移量
//输出参数 无
void SphereFace(CDC *pDC,int x0,int y0,int z0,int r, float du,float dv,
int dx,int dy)
{ floatU[4],V[4],x[5],y[5],z[5];
    for(float u=-1.57;u<=1.57;u=u+du)
        for(float v=0;v<=6.28;v=v+dv)
            { U[0]=u,V[0]=v, U[1]=u+du, V[1]=v, U[2]=u+du, V[2]=v+
dv, U[3]=u, V[3]=v+dv;
                for(int i=0;i<4;i++)
                Sphere(x0,y0,z0,r, U[i],V[i],x[i],y[i],z[i]);
                                        //计算球面上小四边面的顶
                                        //点坐标
                x[4]=x[0],y[4]=y[0];        //封闭四边形
                pDC->MoveTo(x[0]+dx,y[0]+dy);
                for(i=1;i<=4;i++)
                    pDC->LineTo(x[i]+dx,y[i]+dy);
            }
}
```

图5-17(a)是绘制球面网格的结果图。由于球面比较正,三维效果不太好,可以对球面进行旋转变换,生成正轴侧投影图。在函数中添加调用绕坐标轴旋转函数程序如下：

```
void SphereFace(CDC *pDC,int x0,int y0,int z0,int r, float du,float dv,
int dx,int dy, float cx,float cy,float cz)
{ floatU[4],V[4],x[5],y[5],z[5],xx[5],yy[5],zz[5];
    for(float u=-1.57;u<=1.57;u=u+du)
        for(float v=0;v<=6.28;v=v+dv)
            { U[0]=u,V[0]=v, U[1]=u+du, V[1]=v, U[2]=u+du, V[2]=v+
dv, U[3]=u, V[3]=v+dv;
                for(int i=0;i<4;i++)
                    Sphere(x0,y0,z0,r,U[i],V[i],x[i],y[i],z[i]),
                                            //计算球面上小四边面的顶
                                            //点坐标
                    RevolveX(cx,x[i],y[i],z[i],xx[i],yy[i],zz[i]),
                                            //绕 X 轴旋转
                    RevolveY(cy,xx[i],yy[i],zz[i],x[i],y[i],z[i]),
                                            //绕 Y 轴旋转
                    RevolveZ(cz,x[i],y[i],z[i],xx[i],yy[i],zz[i]);
                                            //绕 Z 轴旋转
                    xx[4]=xx[0],yy[4]=yy[0];    //封闭四边形
                pDC->MoveTo(xx[0]+dx,yy[0]+dy);
                for(i=1;i<=4;i++)
                    pDC->LineTo(xx[i]+dx,yy[i]+dy);
            }
}
```

结果如图 5-17(b)、5-17(c)所示,可以看出三维效果相对明显,这两个球面是不同参数增量 du、dv 的效果图。

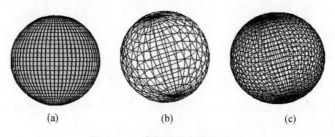

（a）　　　　　　　　　（b）　　　　　　　　　（c）

图 5-17　球面网格曲面示意图

5.3.2 光照曲面

由于网格曲面都化为四边形网格,所以可循环调用前面的真实感四边平面的绘制:

```
void SphereRealFace(CDC * pDC,int x0,int y0,int z0,int r,float du,
float dv,int dx,int dy,float cx,float cy,float cz
    int Lx,int Ly,int Lz,int It,float Kd,int Ie,float H,float S)
{ floatU[4],V[4],x[5],y[5],z[5],xx[5],yy[5],zz[5];
    for(float u=-1.57;u<=1.57;u=u+du)
        for(float v=0;v<=6.28;v=v+dv)
        { U[0]=u,V[0]=v, U[1]=u+du, V[1]=v, U[2]=u+du, V[2]=v+
dv, U[3]=u, V[3]=v+dv;
            for(int i=0;i<4;i++)
            Sphere(x0,y0,z0,r, U[i],V[i],x[i],y[i],z[i]),
                                        //计算球面上小四边面的顶
                                        //点坐标
            RevolveX(cx,x[i],y[i],z[i],xx[i],yy[i],zz[i]),
                                        //绕 X 轴旋转
            RevolveY(cy,xx[i],yy[i],zz[i],x[i],y[i],z[i]),
                                        //绕 Y 轴旋转
            RevolveZ(cz,x[i],y[i],z[i],xx[i],yy[i],zz[i]);
                                        //绕 Z 轴旋转
            xx[4]=xx[0],yy[4]=yy[0];            //封闭四边形
            FullRealSmall(pDC, xx,yy,zz,Lx,Ly,Lz,It,Kd, Ie,H,S);
        }
}
```

图 5-18 为球面及其他曲面带光照的效果示意图。

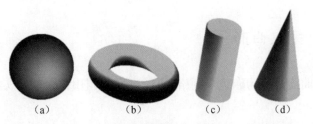

图 5-18　球面及其他曲面带光照的效果示意图

5.4　B 样条曲面的生成

介绍 B 样条曲面之前先介绍 B 样条曲线。

5.4.1　B 样条曲线

1. B 样条曲线定义

B 样条曲线由 Gordon 和 Riesenfeld 在 1972 年提出，它是分段曲线，每段参数 t 的区间是 $[0,1]$。

B 样条曲线的定义公式如下：

$$P(t) = \sum_{i=0}^{n} P_i N_{i,k}(t) \tag{5-17}$$

式中，$P_i(x_i, y_i)(i=0,1,\cdots,n)$ 是控制曲线形状的 $n+1$ 个控制点，$N_{i,k}(t)(i=0,1,\cdots,n)$ 称为 $k-1$ 次 B 样条基函数，是一个递推公式：

$$N_{i,1}(t) = \begin{cases} 1 & t_i \leqslant t \leqslant t_{i+1} \\ 0 & \text{其他} \end{cases}$$

$$N_{i,k}(t) = \frac{t-t_i}{t_{i+k-1}-t_i} N_{i,k-1}(t) + \frac{t_{i+k}-t}{t_{i+k}-t_{i+1}} N_{i+1,k-1}(t) \tag{5-18}$$

当 $i=0$ 时，先计算 $N_{0,1}(t)$，再计算 $N_{0,2}(t)$，…，最后计算 $N_{0,k}(t)$；当 $i=1$ 时，先计算 $N_{1,1}(t)$，再计算 $N_{1,2}(t)$，最后计算 $N_{1,k}(t)$，以此类推。

这里注意 t_i 的取值，i 从 0 到 $n+k$，是 $k-1$ 次 B 样条函数的节点矢量，节点矢量值不同,就是不同类型的 B 样条曲线。这里我们只介绍一种类型。

2. 均匀周期二次 B 样条曲线

对于 B 样条基函数,均匀性是指 $t_i = i$(间隔均匀)。周期性是指每段 B 样条基函数都一样,二次 B 样条曲线表达式如下:

$$P(t) = P_i(1-t)^2/2 + P_{i+1}(-t^2+t+1/2) + P_{i+2}t^2/2$$
$$(0 \leqslant t \leqslant 1, i=0,1,2,\cdots,n-2) \qquad (5-19)$$

如图 5-19 所示,5 个控制点,$i=0$ 时,由 $P_0 P_1 P_2$ 三个控制点控制第一段二次 B 样条曲线,当 $t=0$ 时曲线经过第 1 条边 $P_0 P_1$ 的中点;$t=1$ 时,曲线经过第 2 条边 $P_1 P_2$ 的中点。$i=1$ 时,由 $P_1 P_2 P_3$ 三个控制点控制第二段二次 B 样条曲线。$i=2$ 时,由 $P_2 P_3 P_4$ 三个控制点控制第三段二次 B 样条曲线。可以看出,5 个控制点生成三段二次 B 样条曲线,曲线经过控制多边形各边的中点,而且每条边是二次 B 样条曲线的切线。

图 5-19 B 样条曲线示意图

程序设计如下:

```
//输入参数 pDC----设备环境指针
//        x[],y[]----控制点坐标
//        n----控制点个数
//dt ----曲线参数间隔
//输出参数 无
void BSpline2(CDC *pDC,int x[],int y[],int n,float dt)
{int x1,y1,x2,y2; float n0,n1,n2;
x1=(x[0]+x[1])*0.5,y1=(y[0]+y[1])*0.5;
pDC->MoveTo(x1,y1);
for(int i=0;i<n-1;i++)
    for(float t=dt;t<1.0001;t=t+0.01)
        { n0=(1-t)*(1-t)*0.5;
```

```
n1 = ( -2 * t * t + 2 * t + 1 ) * 0.5;
n2 = t * t * 0.5;                                    //计算基函数
x2 = x[ i ] * n0 + x[ i+1 ] * n1 + x[ i+2 ] * n2;
y2 = y[ i ] * n0 + y[ i+1 ] * n1 + y[ i+2 ] * n2;    //计算曲线上点坐标
pDC->LineTo(x2,y2);
}
}
```

5.4.2　B 样条曲面

均匀周期二次 B 样条曲面定义如下:

$$P(u,v) = \sum_{s=0}^{2} \sum_{t=0}^{2} p_{i+s,j+t} N_s(u) N_t(v)$$

$$0 \leqslant t \leqslant 1, i = 0,1,2,\cdots,m-2; j = 0,1,2,\cdots,n-2 \qquad (5-20)$$

式中,$N_0(t) = (1-t)^2/2; N_1(t) = (-2t^2+2t+1)/2; N_2(t) = t^2/2$。

在二次 B 样条曲面的一个面片中,面片的四个顶点分别是四个四边形的中心点,如图 5-20 所示。

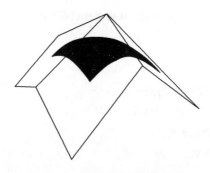

图 5-20　B 样条曲面片示意图

为了方便 B 样条曲面的程序设计,将三个基函数计算放在一函数程序中,通过参数 n 区别三个基函数:

```
floatN2( int n, float t)
{ if(n==0)return((1-t) * (1-t)/2);
    else if(n==1)return((-2 * t * t+2 * t+1)/2);
    else if(n==2)return(t * t/2);
```

}

二次 B 样条网格曲面绘制的函数设计如下：

```
void BFace2(CDC *pDC,int X[50][50],int Y[50][50],int Z[50][50],int m,
int n,float du,float dv,int dx,int dy)
{ float U[4],V[4],x[5],y[5],z[5];
for( int i=0;i<m-1;i++)
    for( int j=0;j<n-1;j++)
        for( float u=0;u<=1.0001;u=u+du)
            for( float v=0;v<=1.0001;v=v+dv)
            { U[0]=u,V[0]=v,U[1]=u+du,V[1]=v,U[2]=u+du,V[2]=v+dv,
                U[3]=u,V[3]=v+dv;
            for(int k=0;k<4;k++)
                {x[k]=0,y[k]=0,z[k]=0;
                for(int s=0;s<=2;s++)
                    for(int t=0;t<=2;t++)
                    x[k]=x[k]+X[i+s][j+t]*N2(s,U[k])*N2(t,V[k]),
                    y[k]=y[k]+Y[i+s][j+t]*N2(s,U[k])*N2(t,V[k]),
                    z[k]=z[k]+Z[i+s][j+t]*N2(s,U[k])*N2(t,V[k]);
                }
            x[4]=x[0],y[4]=y[0];
            pDC->MoveTo(x[0],y[0]);
            for(k=1;k<=4;k++)
                pDC->LineTo(x[k]+dx,y[k]+dy);
            }
}
```

图 5-21 为控制多面体及由其控制的二次 B 样条网格曲面。

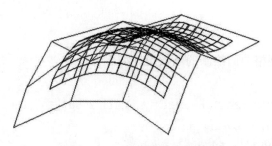

图 5-21　二次 B 样条网格曲面

5.5　人脸曲面的生成

根据前面介绍的 B 样条曲面,将圆柱坐标下的点云直接作为二次 B 样条曲面的控制多面体,就可得到人脸曲面。

5.5.1　不同密度点云重建人脸

人脸点云已按高度与角度顺序保存在二维数组中,可以生成不同密度的控制多面体,如图 5-22 所示。图中 $d=1$ 表示按原始点云网格取样,$d=2$ 表示按间隔为 2 取样点,以此类推。d 值越大,点云网格越稀疏。

图 5-23 所示为不同 d 值的多面体控制的 2 次 B 样条人脸重建曲面,可以看出,多面体网格越密,人脸重建曲面越清晰,$d=1$ 的效果比较好。多面体网格越稀疏,由其控制的 B 样条曲面更平滑,而且范围更小,图 5-23 中 $d=1$ 与 $d=8$ 的人脸范围明显不一样,主要由 B 样条曲面的性质决定。如图 5-20 与图 5-21 所示,二次 B 样条曲面的边界要小于多面体网格。如果多面体网格较小,这种差异就小。

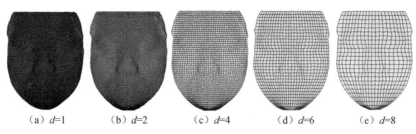

（a）$d=1$ （b）$d=2$ （c）$d=4$ （d）$d=6$ （e）$d=8$

图5-22 不同密度的网格多面体

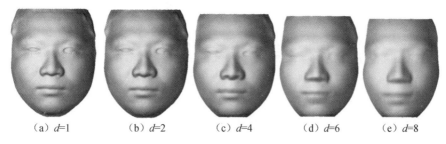

（a）$d=1$ （b）$d=2$ （c）$d=4$ （d）$d=6$ （e）$d=8$

图5-23 不同d值的网格多面体生成的人脸曲面

图5-24为不同人脸点云在$d=1$时的重建人脸曲面,如图5-23(b)所示,$d=1$时的人脸效果并不好,人脸凹凸噪点太明显,主要原因是该人脸原始点云数量较少,是其他人脸点云的$1/4\sim1/2$,所以精度不高。

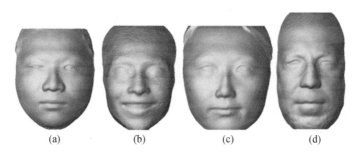

（a） （b） （c） （d）

图5-24 不同人脸点云$d=1$时的重建人脸曲面

为了平滑图5-24(b)中的人脸,可取$d=2$或$d=4$,结果如图5-25所示。可以看出$d=4$能够平滑人脸曲面,但人脸变模糊。

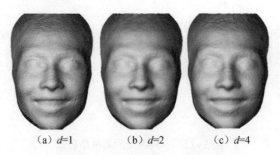

（a）d=1　　　（b）d=2　　　（c）d=4

图 5-25　不同 d 值人脸重建

5.5.2　均值滤波点云重建人脸

为了减弱重建人脸的凹凸噪点,可以采用均值滤波法,利用原始点云进行平均运算,如图 5-26 为放大后的 9 个相邻点云示意图。

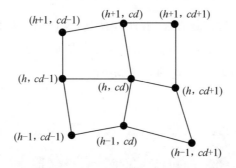

图 5-26　相邻点云示意图

(h, cd) 表示高度为 h、角度为 cd 对应的点坐标,其相邻的 8 个点分别为
$(h-1, cd-1)$、$(h-1, cd)$、$(h-1, cd+1)$、$(h, cd-1)$、
$(h, cd+1)$、$(h+1, cd-1)$、$(h+1, cd)$、$(h+1, cd+1)$

计算 9 个点的 (x, y, z) 平均值作为 (h, cd) 点位置的新值,称为 3×3 均值滤波处理。

$$X'(h, cd) = \sum_{s=-1}^{1} \sum_{t=-1}^{1} X(h+s, cd+t)$$

$$Y'(h, cd) = \sum_{s=-1}^{1} \sum_{t=-1}^{1} Y(h+s, cd+t)$$

90

$$Z'(h,cd) = \sum_{s=-1}^{1} \sum_{t=-1}^{1} Z(h+s,cd+t)$$

除了边界点云,遍历其他所有点云,进行均值滤波处理,关键程序如下:

```
for(j=0;j<180;j++)
    for(i=0;i<H;i++)
        { XX[i][j]=0,YY[i][j]=0,ZZ[i][j]=0;
        if(i==0||i==H-1||j==0||j==179)
            XX[i][j]=X[i][j], YY[i][j]=Y[i][j], ZZ[i][j]=Z[i][j];
                                            //边界点云取原值
        else
            {for(t=-1;t<=1;t++)
            for(s=-1;s<=1;s++)
                XX[i][j]+=X[i+s][j+t],
                YY[i][j]+=Y[i+s][j+t],
                ZZ[i][j]+=Z[i+s][j+t];      //求和计算
            XX[i][j]/=9,YY[i][j]/=9,ZZ[i][j]/=9;      //计算平均值
        }
BFace2(p,XX,YY,ZZ,H,180,0.1,0.1,300,0);      //调用二次B样条曲面函数
                                            重建人脸。
```

图 5-27 为 3×3 均值滤波点云重建结果,与图 5-28 $d=2$ 采样点云重建结果相比要好一些,特别是眼睛部位。与图 5-24 $d=1$ 采样点云重建结果相比,脸部要平滑一些,但眼睛、鼻子、嘴关键部位还是有些不清晰。

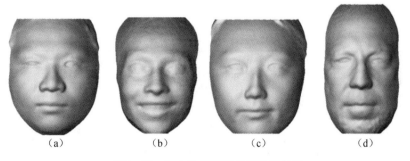

（a）   （b）   （c）   （d）

图 5-27   3×3 均值滤波点云重建结果

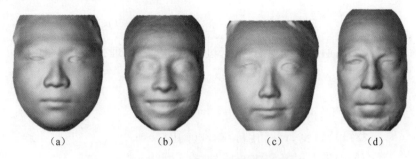

（a）　　　　　（b）　　　　　（c）　　　　　（d）

图 5-28　$d=2$ 采样点云重建结果

为了取长补短,将 $d=1$ 与均值滤波结合起来,我们称为混合方法。

5.5.3　混合处理点云重建人脸

根据第 4 章的人脸关键点定位结果,可以将关键区域分割出来,如图 5-29 所示。

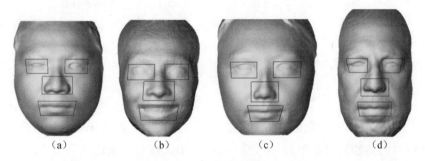

（a）　　　　　（b）　　　　　（c）　　　　　（d）

图 5-29　分割关键区域

关键区域的分隔依据是关键点的位置及人脸的布局规律,如表 5-1 所示。

表 5-1　人脸关键区域的分隔

关键点	高度	角度	关键区域			
鼻子	Nh	左边 NL 右边 NR	左 NL$-d_1$	右 NR$+d_1$	上 Nh$+d$	下 Nh$-d$
嘴巴	Mh	左边 NL 右边 NR	左 NL$-d_2$	右 NR$+d_2$	上 Mh$+d_2$	下 Mh$-d_2$
左眼睛	Eh	EL	左 EL$-d_3$	右 EL$+d_3$	上 Eh$+d_2$	下 Eh$-d_2$
右眼睛	Eh	ER	左 ER$-d_3$	右 ER$+d_3$	上 Eh$+d_2$	下 Eh$-d_2$

表5-1 中的 d、d_1、d_2、d_3 是经验值,根据不同比例的点云取不同值,本书针对所使用的人脸点云,$d=15$, $d_1=5$, $d_2=12$, $d_3=20$。

混合处理点云的方法:如果点云在关键区域内,则采用原点云坐标;否则采用 3×3 均值滤波重新计算点云坐标,关键程序如下:

```
for(j=0;j<180;j++)
    for(i=0;i<H;i++)
    | XX[i][j]=0,YY[i][j]=0,ZZ[i][j]=0;

    if((i>Nh-d&&i<Nh+d&&j>NL-d1&&j<NR+d1)          //在鼻子范围
        ||(i>Eh-d2&&i<Eh+d2&&j>EL-d3&&j<EL+d3)     //在左眼范围
        ||(i>Eh-d2&&i<Eh+d2&&j>ER-d3&&j<ER+d3)     //在右眼范围
        ||(i>Mh-d2&&i<Mh+d2&&j>NL-d2&&j<NR+d2)     //在嘴范围
        ||i==0||i==H-1||j==0||j==179 )             //在边界点
            XX[i][j]=X[i][j],YY[i][j]=Y[i][j],ZZ[i][j]=Z[i][j];
                                                   //取原值
    slse                                           //在关键区域外
        |for(t=-1;t<=1;t++)
            for(s=-1;s<=1;s++)
            XX[i][j]+=X[i+s][j+t],YY[i][j]+=Y[i+s][j+t],ZZ[i][j]+=
Z[i+s][j+t];
            XX[i][j]/=9,YY[i][j]/=9,ZZ[i][j]/=9;   //均值滤波
        }
```

图 5-30 为混合处理点云重建的人脸效果,可以看出,关键区域内的眼、鼻、嘴区域比较清晰,其他区域有一定平滑。

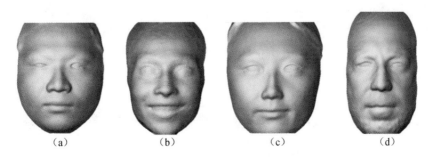

| (a) | (b) | (c) | (d) |

图 5-30　混合处理点云重建人脸

第6章 人脸的整形应用

随着科学技术的发展及生活水平的不断提高,人们逐渐开始对生活有了更高的追求,越来越多的人希望通过整形来弥补自己的一些外貌缺陷,但在整形前的会诊阶段,沟通只能通过语言或介绍以前的病例来进行,容易造成认识上的偏差。如果能以视觉的方式实时呈现整形手术的预期效果,对手术结果进行直观的模拟,就可以增进双方的沟通。目前,计算机辅助整形外科的仿真已经成为重要的研究课题,本书通过对人脸点云的重建,试图研究人脸的整形呈现效果。

6.1 抬高鼻子

为了使鼻子抬高比较自然,抬高的形状应该与原来的鼻子形状类似。如图 6-1 所示,图 6-1(a)向上突出部分为人脸俯视图的原鼻子形状,图 6-1(b)为抬高后的鼻子形状,与原鼻子形状非常类似。

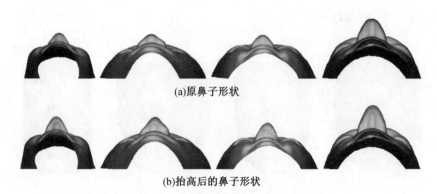

(a)原鼻子形状

(b)抬高后的鼻子形状

图 6-1 突出鼻子的人脸俯视图

6.1.1 鼻子的横向抬高

1.高斯函数

高斯函数以数学家约翰·卡尔·弗里德里希·高斯的名字命名。高斯函数的应用范围非常广,一维高斯函数如下:

$$G(x) = Ae^{-\frac{(x-b)^2}{2c^2}} \qquad (6-1)$$

式中,a、b、c 为实数常数,且 $a > 0$。A 控制高斯曲线的峰值,b 对应峰值的横坐标,c 为标准差。

2.横向抬高鼻子

图 6-1(b) 展示的是鼻子的横向抬高结果。鼻尖处抬高幅度最大,鼻子左右两边基本不抬高,类似高斯曲线,如图 6-2(b)。图 6-2(a)鼻尖处的横向抬高通过叠加图 6-2(b)的一维高斯函数曲线,可得到图 6-2(c)的结果。

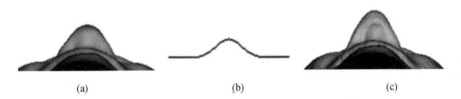

| (a) | (b) | (c) |

图6-2 鼻尖处叠加高斯函数曲线

图 6-2(b) 的高斯函数如下:

$$k = Ae^{-(x-x_0)^2/c^2}, \qquad x_0 - t \leqslant x \leqslant x_0 + t \qquad (6-2)$$

式中,x_0 为鼻尖水平位置,A 控制鼻尖抬高的高度,c 控制鼻子的变化陡与缓,t 控制鼻子横向变化的范围。不同参数的高斯变化曲线如表 6-1 所示,A、c、t 都是经验值,取决于点云值的大小比例。

表6-1 不同参数的高斯变化曲线

$A = 15$ $c = 15$	$t = 15$	$t = 30$	$t = 50$

表 6-1(续)

$t = 50$ $c = 15$	$A = 10$	$A = 15$	$A = 30$
$A = 20$ $t = 40$	$c = 5$	$c = 10$	$c = 20$

图 6-3(a)为不同 t 值人脸抬高鼻子的正投影图($A=15$,$c=15$),可以看出,当 $t=$ 10 时,鼻子的增高在左右范围有突变过渡;当 $t=40$ 时,鼻子的增高在左右范围变得平缓过渡,同时也适用于其他人脸,如图 6-3(b),因此,选取 $t=40$。

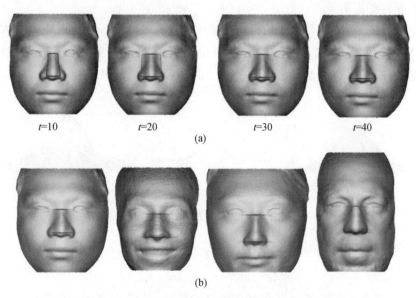

$t=10$ $t=20$ $t=30$ $t=40$

(a)

(b)

图 6-3   为不同 t 值人脸抬高鼻子的正投影图

6.1.2   鼻子的纵向控制

当鼻子的横向变换曲线确定后,需要继续处理纵向变换曲线。图 6-3(b)的纵向范围为从鼻尖位置向下 5 个单位,向上到眼睛的位置,可以明显看出鼻子的增高在上下范围有突变过渡。图 6-4 的侧面图该现象更明显,特别是鼻子的上部。

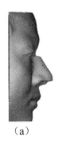

（a）　　　　　　（b）　　　　　　（c）　　　　　　（d）

图6-4　人脸抬高鼻子的侧投影图

根据一般情况,鼻梁需要架高些,所以向上应该到眉毛的位置。为了削弱上部增高后的突变,应该在鼻子上部的增高尾部,抬高的高度 A 逐渐变为 0。

首先将高度变化设为线性变化,设线性变化关系如下:

$$k=ay+b$$

式中,y 表示鼻子范围的纵向坐标,k 表示高斯变化函数的幅度。已知条件:

①当 $y=y_0$(鼻尖的垂直位置)时,$k=A$(鼻尖变化的幅度);

②当 $y=y_1=Bh$ (眉毛的垂直位置)时,$k=0$。

求得系数:$a=A/(y_0-y_1)$,$b=-Ay_1/(y_0-y_1)$,高斯函数变化为

$$k=A\left(\frac{y}{y_0-y_1}-\frac{y_1}{y_0-y_1}\right)e^{-(x-x_0)^2/c^2},x_0-t\leqslant x\leqslant x_0+t \tag{6-3}$$

式中,x_0 为鼻尖的水平位置。

对于从鼻尖向下的增高,应根据不同人的鼻形,设计向下的长度,根据实验,一般设 $y_2=5$ 个单位长度。其具体高斯函数类似上式,只是 y_1 用 y_2 代替。图6-5为重建效果,从图中可以看出,在鼻子左右附近有多条明暗条纹,主要是在不同高度采用同一个高斯函数所致。

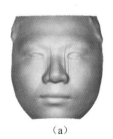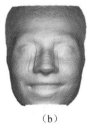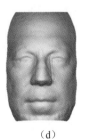

（a）　　　　　　（b）　　　　　　（c）　　　　　　（d）

图6-5　不同高度采用同一个高斯函数抬高鼻子的效果图

根据鼻子下宽上窄的特点,抬高鼻子的高斯函数也应该变化宽度,见表6-1,改变c值,使c随着鼻子的高度变小。为了使变小的速度变缓慢,高斯函数变化为

$$k=A\left(\frac{y}{y_0-y_1}-\frac{y_1}{y_0-y_1}\right)e^{-(x-x_0)^2/(c^2-y+y_0)}, \quad x_0-t\leqslant x\leqslant x_0+t \qquad (6-4)$$

在程序设计中,如果人脸点云坐标在三维坐标中是正面朝向投影方向,则抬高人脸的鼻子就是改变z坐标的值,坐标计算程序如下:

```
for(int i=y0;i<=y1;i++)                        //鼻尖上部分抬高
    for(int j=x0-t;j<=x0+t;j++)
    {  k=A*(i/(y0-y1)-y1/(y0-y1))*exp(-(j-x0)*(j-x0)/(225-i+
y0));
        Z[i][j]=Z[i][j]+k;
    }
for(i=y0-1;i>y2;i--)                           //鼻尖下部分抬高
    for(int j=x0-t;j<=x0+t;j++)
    {  g=A*(i/(y0-y2)-y2/(y0-y2))*exp(-(j-x0)*(j-x0)/(225-i+
y0));
        Z[i][j]=Z[i][j]+g;
    }
```

图6-6为抬高鼻子后的正视图。

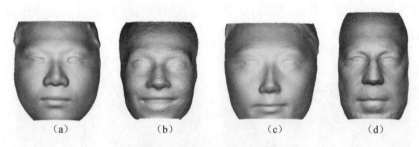

(a)   (b)   (c)   (d)

图6-6　抬高鼻子后的正视图

图6-7(a)为原始人脸侧视图,图6-7(b)为抬高鼻子不同高度的人脸侧视图,可以看到当鼻子抬得较高时,会使鼻尖变得较尖,这主要是鼻尖处的上下两部分不同方向线性变换的结果。为了降低鼻尖处的突变,将线性变换变为幂次变换(如幂

次为 0.5),则高斯函数变化为

$$y = A \sqrt{\frac{y}{y_0 - y_1} - \frac{y_1}{y_0 - y_1}} e^{-(x-x_0)^2/(c^2 - y + y_0)}, \quad x_0 - t \leqslant x \leqslant x_0 + t \tag{6-5}$$

图 6-7(c)为变化结果,明显看到鼻尖处变得较圆滑。

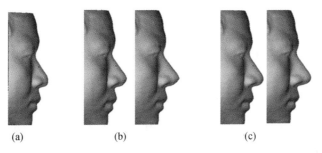

(a)　　　　　　(b)　　　　　　　　(c)

图 6-7　抬高鼻子侧视图

6.2　拉　长　脸　形

对于脸部长度的整形,主要是将人脸的下巴部分拉长。

6.2.1　人脸拉长思路

有许多人脸拉长的方法,本书利用原始人脸点云在拉长方向进行线性插值。如图 6-8 所示,如果人脸需要拉长 y_b,将纵坐标原点下移距离为 y_b,则所有人脸点云的 y 值都需要进行平移变换,即

$$y' = y + y_b$$

平移变换后,为了使拉长部分看起来比较自然,将下巴部分一定范围内的坐标点再次下移,设 $y' = y_t$ 以下的点需要再次下移,只是不同的 y' 值平移量不同。$y' = y_b$ 的系列点移动位置最大,$y = y_t$ 的系列点基本不变。

将高度变化设为线性变化,设线性变化关系如下:

$$y'' = ay' + b$$

式中,y'表示需要再次下移点的纵坐标,y''表示下移后的纵坐标。已知条件:

①当 $y'=y_b$ 时,$y''=0$;

②当 $y'=y_t$ 时 $y''=y_t$。

求得系数:$a=y_t/(y_t-y_b)$,$b=-y_by_t/(y_t-y_b)$

变换关系为:

$$y''=\frac{y_ty'}{y_t-y_b}-\frac{y_by_t}{y_t-y_b}, \quad y_b\leqslant y'\leqslant y_t \tag{6-6}$$

图 6-8(b)~6-8(d)为不同程度拉长人脸点云的正视图。

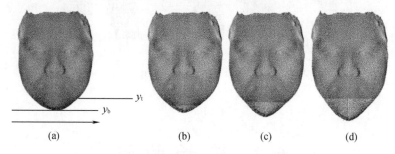

图 6-8 不同程度拉长人脸点云的正视图

6.2.2 人脸下巴部分拉长实现

在程序设计中,下巴拉长的变换关系对应点云坐标数组的下标,因此需同时变换 x、y、z 三个方向:

```
for(i=yb;i<H+yb;i++)                        //点云进行平移变换
    for(int j=1;j<180;j++)
    { XX[i][j]=X[i-yb][j];
        YY[i][j]=Y[i-yb][j]+Y[yb][j];
        ZZ[i][j]=Z[i-yb][j];
    }
for(i=yt;i>=yb;i--)                          //人脸点云拉长部分的变换
    for(int j=1;j<180;j++)
    { Y[i-yb][j]=(YY[yt][j]*YY[i][j]-YY[yb][j]*YY[yt][j])/(YY[yt]
```

```
[j]-YY[yb][j]);
        X[i-yb][j]=(XX[yt][j]*XX[i][j]-XX[yb][j]*XX[yt][j])/(XX
[yt][j]-XX[yb][j]);
        Z[i-yb][j]=(ZZ[yt][j]*ZZ[i][j]-ZZ[yb][j]*ZZ[yt][j])/(ZZ
[yt][j]-ZZ[yb][j]);
    }
  for(i=yt+1;i<H+yb;i++)                          //人脸点云未拉长部分取原
                                                  //点云的坐标值

      for(int j=1;j<180;j++)
      {YY[i-yb][j]=Y[i][j];
        XX[i-yb][j]=X[i][j];
        ZZ[i-yb][j]=Z[i][j];
    }
```

然后进行二次 B 样条曲面重建及简单光照模型渲染,效果如图 6-9 所示。

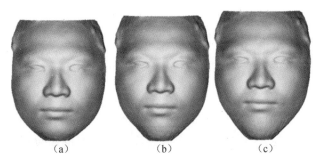

（a）　　　　　　　（b）　　　　　　　（c）

图 6-9　不同程度拉长人脸效果图

6.3　瘦胖脸处理

6.3.1　平移瘦脸

1. 平移思想

一种最简单的瘦脸方式是直接沿水平 x 方向缩小人脸两侧的点云。例如在人脸左边 d 角度范围,点云沿水平 x 方向向右平移 g_x;在人脸右边 d 角度范围,点云沿水平 x 方向向左平移 g_x,实现方法如下:

```
for(int i=0;i<H;i++)
    {for(int j=0;j<=d;j++)                      //人脸左边 d 角度范围
        X[i][j]+=gx;                            //向右平移 gx
     for(j=180-d;j<180;j++)                     //人脸左边 d 角度范围
        X[i][j]-=gx;                            //向左平移 gx
}
```

取 $d=20°$,当 $g_x=10$,图 6-10(a)的瘦脸效果为图 6-10(b);当 $g_x=20$,图 6-10(a)的瘦脸效果为图 6-10(c)。可以看出,人脸表面出现突变的断裂现象。为了消除这个突变的断裂,需要改变平移 g_x,使其为一个变换函数。

2. 线性平移

为了消除图 6-10(b)和 6-10(c)中突变的断裂,使平移量的 g 值与角度 j 有关,设 g 与 j 为线性关系,即

$$g=a×j+b$$

(1)人脸左边

当 $j=0$ 时,$X[i][j]$ 的左平移量 g 为 g_x;当 $j=d$ 时,$X[i][j]$ 的右平移量 g 为 0。求得系数:

$$a=-g_x/d, b=g_x$$

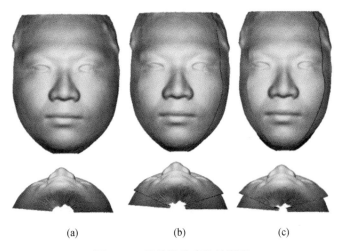

（a）　　　　　　　（b）　　　　　　　（c）

图 6-10　简单平移瘦脸效果图

变换关系为

$$g = -g_x \times j/d + g_x \tag{6-7}$$

（2）人脸右边

当 $j=180$ 时，$X[i][j]$ 的左平移量 g 为 g_x；当 $j=180-d$ 时，$X[i][j]$ 的左平移量 g 为 0。求得系数：

$$a = g_x/d, b = g_x - 180 \times g_x/d$$

变换关系为

$$g = g_x/d \times j + g_x - 180 \times g_x/d$$

（3）实现方法

```
for(int i=0;i<H;i++)
    {for(int j=1;j<=d;j++)                    //人脸左边 d 角度范围
        g=-gx*j/d+gx,                          //计算平移量
        X[i][j]+=g;                            //向右平移 g
    for(j=180-d;j<180;j++)                     //人脸左边 d 角度范围
        g=gx/d*j+gx-180*gx/d,
        X[i][j]-=g;                            //向左平移 g
}
```

图 6-11（b）和 6-11（c）为图 6-11（a）不同平移量的线性瘦脸效果图，明显看

出线性瘦脸使人脸表面不够圆滑。

(a)   (b)   (c)

图 6-11　平移瘦脸效果图

3. 幂次平移

为了消除线性瘦脸不够圆滑的缺点,设计二次幂瘦脸关系:

$$g = g_x \times (a \times j + b)^2$$

(1) 人脸左边

当 $j = 0$ 时,$a \times j + b = 1$,则平移量 $g = g_x$;

当 $j = d$ 时,$a \times j + b = 0$,则平移量 $g = 0$。

求得系数:$a = -1/d, b = 1$

二次幂变换关系为

$$g = g_x \times (-j/d + 1)^2 \tag{6-8}$$

(2) 人脸右边

当 $j = 180$ 时,$a \times j + b = 1$,平移量 $g = g_x$;

当 $j = 180 - d$ 时,$a \times j + b = 0$,平移量 $g = 0$。

求得系数:$a = 1/d, b = 1 - 180/d$

二次幂变换关系为

$$g = g_x \times (j/d) + 1 - 180/d)^2 \tag{6-9}$$

图 6-12(b) 和 6-12(c) 为图 6-12(a) 不同平移量的幂次瘦脸效果图,可以看出人脸表面比较圆滑。

6.3.2　高斯瘦脸

1. 二维高斯函数

二维高斯函数表示如下:

$$G(x, y) = Ae^{-\left(\frac{(x-x_0)^2 + (y-y_0)^2}{2\sigma^2}\right)} \tag{6-10}$$

式中,A 为峰值高度,(x_0,y_0) 为尖峰中心的坐标,σ 为方差。

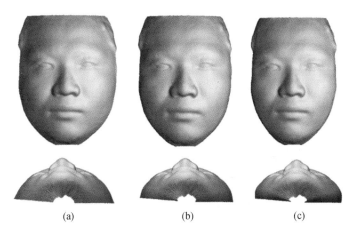

(a)　　　　　　　　(b)　　　　　　　　(c)

图 6-12　幂次瘦脸效果图

表 6-2 为不同参数的二维高斯变化曲面。

表 6-2　不同参数的二维高斯变化曲面

参数	$\sigma=15$	$\sigma=20$	$\sigma=25$
$A=100$			
$A=50$			
$A=25$			

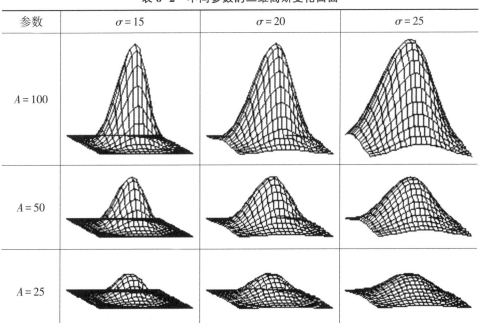

2. 二维高斯瘦脸

针对人脸的表面，二维高斯瘦脸的思路是将峰值凸起沿 x 方向朝向人脸，需要瘦脸的位置在鼻尖的左右两边。

左边脸瘦脸函数为如下高斯函数：

$$g = -A\mathrm{e}^{(-(j-fw)^2(i-fh)^2/(2ff^2)}$$

$$(i = 0, \cdots, H-1; j = 1, \cdots, Nw) \tag{6-11}$$

式中，A 为脸颊收紧峰值，fh 为峰值中心高度，fw 为峰值中心角度，ff 为瘦脸范围，H 为人脸高度，Nw 为鼻尖角度。

右边脸瘦脸函数为如下高斯函数：

$$g = A\mathrm{e}^{(-(j-a+fw)^2(i-fh)^2/(2ff^2)}$$

$$(i = 0, \cdots, H-1; j = Nw+1, \cdots, 180) \tag{6-12}$$

式中，常数 a 取值为 180。

实现方法如下：

```
for(int i=0;i<H;i++)
    {for(int j=1;j<=Nw;j++)
        g=(-A*exp(-((j-fw)*(j-fw)+(i-fh)*(i-fh))/(2.0*ff*ff))),
        X[i][j]+=g;
    for(j=Nw+1;j<180;j++)
        g=(A*exp(-((j-(180-fw))*(j-(180-fw))+(i-fh)*(i-fh))/(2.0
*ff*ff))),
        X[i][j]+=g;
}
```

图 6-13(b) 和图 6-13(c) 为图 6-13(a) 不同程度瘦脸效果图，瘦脸范围 ff = 20。图 6-13(b) 中 A = 15，图 6-13(c) 中 A = 20。峰值中心高度 fh 为嘴的高度位置，峰值中心角度 fw 为眼睛的角高度位置。

6.3.3 高斯胖脸

当高斯函数的峰值凸起沿 x 方向远离人脸，就能达到胖脸的效果。实现时只是改变高斯函数的正负号。图 6-14(b) 和图 6-14(c) 为图 6-14(a) 不同程度胖脸效果图,胖脸范围 $ff=20$。图 6-14(b)中 $A=5$,图 6-14(c)中 $A=10$。峰值中心高度 fh 为嘴的高度位置,峰值中心角度 fw 为眼睛的角高度位置。

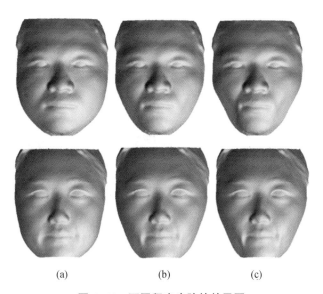

(a)　　　　　　　(b)　　　　　　　(c)

图 6-13　不同程度瘦脸的效果图

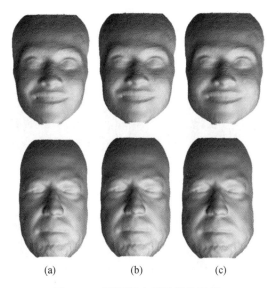

(a)　　　　　　　(b)　　　　　　　(c)

图 6-14　不同程度胖脸的效果图

6.4　嘴巴凹凸处理

使用二维高斯函数对嘴巴进行凹凸处理,方差 σ 与峰值 A 取比较小的值,因为嘴巴基本在 z 轴的方向,所以沿 z 方向进行高斯变形,变换关系如下:

$$g = -A\mathrm{e}^{(-[(j-Nw)^2+(i-Mh)^2]/(2ff^2)}$$

$$(i=0,\cdots,H-1;j=1,\cdots,180) \tag{6-13}$$

式中, A 为嘴的凹凸幅度(A 为正值), Mh 为嘴的高度, ff 为变形范围, H 为人脸高度。

实现方法如下:

```
for(int i=0;i<H;i++)
    for(int j=1;j<180;j++)
        {g=(A*exp(-((j-Nw)*(j-Nw)+(i-Mh)*(i-Mh))/(2.0*ff*ff)));
        Z[i][j]+=g;
        }
```

图 6-15(b) 为图 6-15(a) 的凹嘴图,图 6-15(c) 为图 6-15(a) 的凸嘴图。

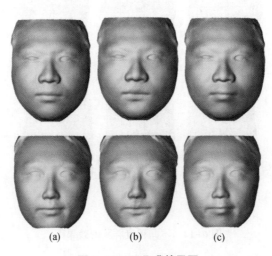

(a)　　　　　(b)　　　　　(c)

图 6-15　凹凸嘴效果图

参 考 文 献

［1］ WANG Y,CHUA C S,HO Y K. Facial feature detection and face recognition from 2D and 3D images［J］. Pattern Recognition Letters,2002,23(10):1191-1202.

［2］ XU C H,TAN T N,WANG Y H,et al. Combining local features for robust nose location in 3D facial data［J］. Pattern Recognition Letters,2006,27(13):1487-1494.

［3］ 王蜜宫,陈锻生,林超. 基于局部形状图的三维人脸特征点自动定位［J］. 计算机应用,2010,30(5):1255-1258.

［4］ 朱思豪,张灵,罗源,等. 基于 spin image 的人脸点云特征定位［J］. 计算机工程与设计,2017,38(8):30.

［5］ NIKOLAIDIS A, PITAS I. Facial feature extraction and pose determination［J］. Attern Recognition, 2000,33(11):1783-1791.

［6］ XIAO J, MORIYAMA T, KANADE T, et al. Robust full-motion recovery of head by dynamic templates and registration techniques ［J］. International Journal of Imaging Systems and Technology, 2003(13): 85-94.

［7］ 梁国远,查红彬,刘宏. 基于三维模型和仿射对应原理的人脸姿态估计方法［J］. 计算机学报, 2005,28(5): 792-800.

［8］ 胡步发,邱丽梅. 基于多点模型的 3D 人脸姿态估计方法 ［J］. 中国图象图形学报, 2008,13(7):1353-1358.

［9］ 蒋建国,胡珍珍,詹曙. 基于深度数据的空间人脸旋转角度估计［J］. 图学学报,2012,33(4):71-75.

［10］ GORBATSEVICH V, VIZILTER Y, KNYAZ V, et al. Face pose recognition based on monocular digital imagery and stereo-based estimation of its precision ［J］. ISPRS Technical Commission V Symposium,2014(XL5): 257-263.

［11］ 张美玉,侯向辉,任炜彬,等. 基于非线性最小乘的人脸姿态估计算法［J］. 浙江工业大学学报,2016,44(1): 34-38.

［12］ 李成龙, 钟凡, 马昕, 等. 基于卡尔曼滤波和随机回归森林的实时头部姿态

估计[J]. 计算机辅助设计与图形学学报, 2017, 29(12): 2309-2316.

[13] GAO J N, EVANS A N. Expression robust 3D face landmarking using thresholded surface normals[J]. Pattern Recognition, 2018(78): 120-132.

[14] 钟俊宇, 邱健, 韩鹏, 等. 基于结构光三维重建的头部姿态估计算法[J]. 激光与光电子学进展, 2020, 57(18): 104-111.

[15] 马泽齐, 石志良, 李晓垚, 等. 基于对称平面的三维人脸点云姿态估[J]. 激光与光电子学进展, 2022, 59(8): 73-81.

[16] AKIMOTO T, SUENAGA Y. Automatic creation of 3D facial models[J]. IEEE Computer Graphics & Applications, 1993, 13(5): 16-22.

[17] LEE W S, MAGNENAT T N. Fast head modeling for animation[J]. Image Vision Computing, 2000, 18(4): 355-364.

[18] 梅丽, 鲍虎军, 彭群生. 特定人脸的快速定制和肌肉驱动的表情动画[J]. 计算机辅助设计与图形学学报, 2001, 13(12): 1077-1082.

[19] BLANZ V, VETTER T. Face recognition based on fitting a 3D morphable model[J]. IEEE Transactions on Pattern Analysis and Machine Intelligence, 2003, 25(9): 1063-1074.

[20] 王琨, 郑南宁. 基于SFM算法的三维人脸模型重建[J]. 计算机学报, 2005, 28(6): 1048-1053.

[21] 彭翔, 高鹏东, 刘晓利, 等. 真实感人脸模型的细分曲面重建[J]. 计算机辅助设计与图形学学报, 2006, 18(5): 742-747.

[22] 董洪伟. 基于网格变形的从图像重建三维人脸[J]. 计算机辅助设计与图形学学报, 2012, 24(7): 932-940.

[23] 蒋承安, 李青峰, 刘凯. 术前三维扫描及三维模拟在鼻整形术中的应用[J]. 组织工程与重建外科杂志, 2013, 9(4): 204-207.

[24] 隋巧燕, 董洪伟, 刘蕾. 双目下点云的三维人脸重建[J]. 现代电子技术, 2015, 38(4): 102-105.

[25] 王涵, 夏时洪. 单张图片自动重建带几何细节的人脸形状[J]. 计算机辅助设计与图形学学报, 2017, 29(7): 1256-1266.

[26] 陈国军, 曹岳, 杨静, 等. 基于形变模型的多角度三维人脸实时重建[J]. 图学学报, 2019, 40(4): 659-664.

[27] 张倩, 吕丽平. 基于ORB与局部仿射一致性约束的快速人脸特征配准[J].

电子测量与仪器学报,2019,33(6):38-44.

[28] 周健,黄章进.基于改进三维形变模型的三维人脸重建和密集人脸对齐方法[J].计算机应用,2020,40(11):3306-3313.

[29] 夏颖,盖绍彦,达飞鹏.双目视觉下基于区域生长的三维人脸重建算法[J].计算机应用研究,2021,38(3):932-936.

[30] 张红颖,杨维民,王汇三.基于优化三维变形模型参数的人脸重建方法[J].激光与光电子学进展,2021,58(20):416-423.

[31] 包永堂,周鹏飞,齐越.面向单幅图像的逼真3D人脸重建方法[J].计算机辅助设计与图形学学报,2022,34(12):1850-1858.

[32] 李皓冉,梅天灿,高智.全局ICP与改进泊松相结合的三维人脸重建[J].测绘学报,2023,52(3):454-463.

[33] 朱磊,王善敏,刘青山.基于人脸部件掩膜的自监督三维人脸重建[J].计算机科学,2023(2):214-220.

[34] 翁羽.三维重建模拟技术在下颌角缩小整形术中的应用[J].中国医疗美容,2016,6(3):83-84.

[35] 何龙健,钟子乐,邹大辉,等.面向医疗整容的三维人脸重建与编辑系统[J].计算机系统应用,2022,31(13):69-77.

[36] XU C H,WANG Y H,TAN T N,et al. Automatic 3D face recognition combining global geometric features with local shape variation information [C]// Proceedings of the 6th IEEE International Conference on Automatic Face and Gesture Recognition, Piscataway:IEEE,2004:308-313.

[37] WU Z,WANG Y,PAN G. 3D face recognition using local shape map[C]//ICIP 2004:IEEE International Conferenceon Image Processing, Washington:IEEE, 2004:2003-2006.

[38] 莫建文,李雁,首照宇,等.改进的三维人脸识别方法[J].计算机工程与设计,2012,33(11):4328-4332.

[39] DRIRA H, BEN A B, SRIVASTAVA A, et al. 3D face recognition under expressions,occlusions,and pose variations[J]. IEEE Transactions on Pattern Analysis and Machine Intelligence,2013,35(9):2270-2283.

[40] LEI Y J,BENNAMOUN M,HAYAT M,et al. An efficient 3D face recognition approach using local geometrical signatures[J]. Pattern Recognition,2014,47

（2）:509-524.

[41] QI C R,SU H,MO K C,et al. PointNet:deep learning on point sets for 3D classification and segmentation[C]// Proceedings of the 2017 IEEE Conference on Computer Vision and Pattern Recognition,Piscataway:IEEE,2017:652-660.

[42] QI C R,YI L,SU H,et al. PointNet++:deep hierarchical feature learning on point sets in a metric space [C]//Proceedings of the 31st International Conference on Neural Information Processing Systems. Red Hook,NY:Curran Associates Inc. ,2017:5105-5114.

[43] GILANI S Z,MIAN A. Learning from millions of 3D scans for largescale 3D face recognition[C]// Proceedings of the 2018 IEEE/CVF Conference on Computer Vision and Pattern Recognition,Piscataway:IEEE,2018:1896-1905.

[44] LIU Y C, FAN B, XIANG S M, et al. Relation-shape convolutional neural network for point cloud analysis[C]// Proceedings of the 2019 IEEE/CVF Conference on Computer Vision and Pattern Recognition, Piscataway:IEEE, 2019:8887-8896.

[45] JIANG L,ZHANG J Y,DENG B L. Robust RGB-D face recognition using attribute-aware loss[J]. IEEE Transactions on Pattern Analysis and Machine Intelligence, 2020,42(10):2552-2566.

[46] 高工,杨红雨,刘洪. 基于深度学习的三维点云人脸识别[J].计算机应用, 2021,41(9): 2736-2740.

[47] 郭文,李冬,袁飞.多尺度注意力融合和抗噪声的轻量点云人脸识别模型 [J].图学学报,2022,43(6):1124-1133.

[48] 陆玲,李丽华,宋文琳,等.计算机图形学[M].北京:机械工业出版社,2017.

[49] 陆玲,姚玲洁,郭建伟,等.基于球坐标的植物果实重建[J].中国农机化学报,2020,10(41):176-182.

[50] 陆玲,汤彬.三维图形生成方法及程序设计[M].哈尔滨:哈尔滨工程大学出版社,2011.